Grundlagen der Automatisierungstechnik kompakt

Grundlagen der Automatisierungstechnik kompakt

Valentin Plenk

Grundlagen der Automatisierungstechnik kompakt

 Springer Vieweg

Valentin Plenk
Hochschule Hof
Hof, Bayern, Deutschland

ISBN 978-3-658-24468-2   ISBN 978-3-658-24469-9   (eBook)
https://doi.org/10.1007/978-3-658-24469-9

Die Deutsche Nationalbibliothek verzeichnet diese Publikation in der Deutschen Nationalbibliografie; detaillierte bibliografische Daten sind im Internet über http://dnb.d-nb.de abrufbar.

Springer Vieweg ist ein Imprint der eingetragenen Gesellschaft Springer Fachmedien Wiesbaden GmbH und ist ein Teil von Springer Nature
Die Anschrift der Gesellschaft ist: Abraham-Lincoln-Str. 46, 65189 Wiesbaden, Germany

Vorwort

Ich halte seit vielen Semestern die Vorlesung Grundlagen der Automatisierung für Studierende im Wirschaftsingenieurwesen und im Maschinenbau. Dabei war die zentrale Herausforderung für mich, den Studierenden einen Überblick über das extrem breite Thema zu geben, ohne mich in Details zu verlieren. Die von mir dafür ausgewählten Inhalte finden sich bereits in vielen, thematisch enger gefassten Büchern. Mit dem Erscheinen dieses Buches erfülle ich den oft geäußerten Wunsch nach einer kompakten Zusammenfassung der wichtigsten Inhalte. Das Buch konzentriert sich auf die softwareseitigen Aspekte der Automatisierungstechnik. Gerätetechnische oder konstruktive Aspekte deute ich in Kap. 5 an.

Als Automatisierungstechniker benötigt man Wissen über den zu automatisierenden Prozess und über die technischen Möglichkeiten der Automatisierungstechnik. In der Praxis wird man nicht beides in vollem Umfang in einer Person finden, so dass ein Austausch nötig ist. Dieser Austausch wird durch den Einsatz einer oder mehrerer der in Kap. 1 eingeführten Beschreibungsformen signifikant erleichtert.

In den Kap. 2 und 3 erkläre ich die zentralen Aspekte der Steuerungs- und Regelungstechnik. Kap. 4 behandelt die übliche Standardfunktionalität, die sich in der Praxis bewährt hat.

Jedes Kapitel schließt mit Übungsaufgaben. Die Lösungen dazu stehen in Anhang A. Quellcodes und ergänzendes Material sind über die Webseite http://atrt.hof-university.de/ abrufbar.

Oberkotzau   Valentin Plenk
Oktober 2018

Cui dono lepidum novum libellum arida modo pumice expolitum? (Catullus GV (ca. -50) Carmen 1. Eigenverlag)

Wem nur widme ich das nette neue Büchlein, das vom trockenen Bimsstein frisch geglättet?

Dieses Buch hat eine lange Geschichte, die bis zu meiner ersten Vorlesung im Jahr 2000 zurückreicht. Seit damals habe ich viele Gespräche geführt, viele Hinweise bekommen und viel dazugelernt. Darum ist es nicht leicht, diese Zeilen zu schreiben, denn ich werde sicher jemanden vergessen.

Lebhaft in Erinnerung sind mir die ersten Gesprächspartner: Roland Martin, Robert Michael, Rolf Buchta und mein Kollege Prof. Dr.-Ing. Herbert Reichel. Ihnen danke ich genauso wie den vielen Studenten, Kollegen, Messebekanntschaften und Grillgästen, mit denen ich seither weitere Aspekte diskutiert habe.

Besonders hervorzuheben sind dabei die Diskussionen mit Jürgen Rubitzko und Wolfgang Uschold, die mit ihrem Einsatz für den reibungslosen Ablauf der Praktika zur Vorlesung sorgen. Aus all diesen Gesprächen hat sich die hier präsentierte Auswahl und Darstellung der Inhalte ergeben.

Weiterer Dank gebührt meinen Studenten Uwe Kühnel, Ramona Scharnagl und Maximilian Hofmann, die geholfen haben, das Buch in eine ansprechende Form zu bringen.

Last not least danke ich meiner Mutter für das geduldige Korrekturlesen des ihr vollkommen fremden Stoffs.

Inhaltsverzeichnis

Abkürzungsverzeichnis

AS	Ablaufsprache
AWL	Anweisungsliste
CAD	Computer Aided Design (rechnerunterstütztes Konstruieren)
FBD	Function Block Diagram (englischer Begriff für FBS)
FBS	Funktionsbausteinsprache, synonym zu FUP verwendet
FUP	Funktionsplan
GRAPH	grafische Schrittkettenprogrammierung (von Siemens eingeführtes Synonym für AS)
IL	Instruction List ((englischer Begriff für AWL)
ISE	Integral of squared Error (quadratische Fehlerabweichung)
ITAE	Integral of time multiplied by absolute Error
KOP	Kontaktplan
LD	Ladder Diagram (englischer Begriff für KOP)
PID-Regler	Proportional- Integral- Derivative Regler
ROI	Return on Invest
SCADA	Supervisory Control and Data Acquisition
SCL	Structured Control Language (englischer Begriff für ST)
SFC	Sequential Function Chart ((englischer Begriff für AS)
SPS	Speicherpogrammierbare Steuerung
ST	strukturierter Text
VKE	Verknüpfungsergebnis

Formelzeichen

$t_{5\%_{an,w}}$	Anregelzeit
x_a	Ausgang eines Übertragungsgliedes
$t_{5\%_{aus,w}}$	Ausregelzeit
x_e	Eingang eines Übertragungsgliedes
w	Führungsgröße
s	Laplaceoperator
e	Regeldifferenz
e_∞	bleibende Regeldifferenz
x	Regelgröße
y	Stellgröße
$\ddot{u}$	Überschwingbreite
t	Zeit

Spätestens seit dem Beginn der Industrialisierung hat der Mensch versucht, sich das Leben zu erleichtern, indem er Maschinen und Geräte entwickelt, die (ungeliebte) Aufgaben übernehmen und Vorgänge selbstsändig erledigen. So hat der 1784 vorgestellte Power Loom dem Weber das Bewegen des Schiffchens abgenommen. Dadurch stieg die Produktivität, allerdings wurden auch viele Weber arbeitslos.

Auch heute wird die Automatisierung oft kritisch gesehen, weil sie den Bedarf an menschlicher Arbeitskraft reduziert und damit Arbeitsplätze vernichten kann. Dem steht eine erhebliche Entlastung der (noch) Beschäftigten von eintöniger und körperlich belastender Arbeit gegenüber.

Die *Automatisierungstechnik* ist ein Gebiet der Ingenieurwissenschaften, das Teile des Maschinenbaus, der Elektrotechnik und der Informationstechnik umfasst und Maßnahmen behandelt, um Maschinen oder Anlagen ohne Mitwirkung von Menschen betreiben zu können.

Je besser dieses Ziel erreicht wird, umso höher ist der *Automatisierungsgrad.* In einer stark automatisierten Fabrik übernehmen Menschen meist die Überwachung der Anlagen, den Teilenachschub, den Fertigteilabtransport, die Wartung und ähnliche Arbeiten, während die eigentlich produktiven Prozesse automatisch ablaufen.

1.1 Chancen und Risiken der Automatisierungstechnik

Das Senken von Personalkosten wird häufig als zentraler Treiber der Automatisierung gesehen. Das ist oft ein gefährlicher Weg, denn die Anlagen selbst sind meist teuer und amortisieren sich nur über eine kleine Ersparnis je produziertem Teil.

Ein Beispiel: Eine Investition in Höhe von € 20.000,00 für weitergehende Automatisierung spart € 0,10 je produziertem Teil. Damit amortisiert sich die Investition nach

© Springer Fachmedien Wiesbaden GmbH, ein Teil von Springer Nature 2019
V. Plenk, *Grundlagen der Automatisierungstechnik kompakt,*
https://doi.org/10.1007/978-3-658-24469-9_1

$\frac{20.000,00}{0,10} = 200.000$ Teilen. Bei einem jährlichen Ausstoß von 100.000 Teilen ergibt sich ein Return on Invest (ROI) von 2 Jahren.

Diese Rechnung reagiert sehr empfindlich auf Schwankungen des Ausstoßes. Geht dieser zurück, erhöht sich der ROI. Außerdem bringt die Investition neben dem günstigen Preis keine Differenzierungsmerkmale gegenüber eventuellen Wettbewerbern. Sollten diese noch etwas günstiger anbieten können, hätte der Kunde keinen Grund, nicht woanders einzukaufen.

Wird der Betrag aber für eine Automatisierung verwendet, die höhere Qualität oder engere Toleranzen bringt, entsteht so ein Differenzierungsmerkmal gegenüber eventuellen Wettbewerbern. Damit könnte sich auch ein höherer Preis durchsetzen lassen, über den die Investition amortisiert wird.

Der Trend zu immer individuelleren Produkten bringt ein neues Argument für die Automatisierung: Eine flexiblere, ggfs. sogar langsamere Anlage, die verschiedene Produkte ohne großen Rüstaufwand herstellen kann, lässt sich besser auslasten als eine schnelle, aber unflexible Anlage, die nur ein Produkt herstellen kann bzw. aufwendig umgerüstet werden müsste.

1.2   Grundstruktur einer Automatisierungslösung

Automatisierungslösungen bestehen aus der eigentlichen Anlage, einer informationsverarbeitenden Komponente, die den automatischen Ablauf erzeugt, und Sensoren und Aktoren, die die beiden Komponenten verbinden.

Abb. 1.1 zeigt ein Beispiel für eine Automatisierung: Zentrales Element des Wasserkochers ist der Topf mit eingebauter Heizung. Die Heizung wird über einen elektronischen

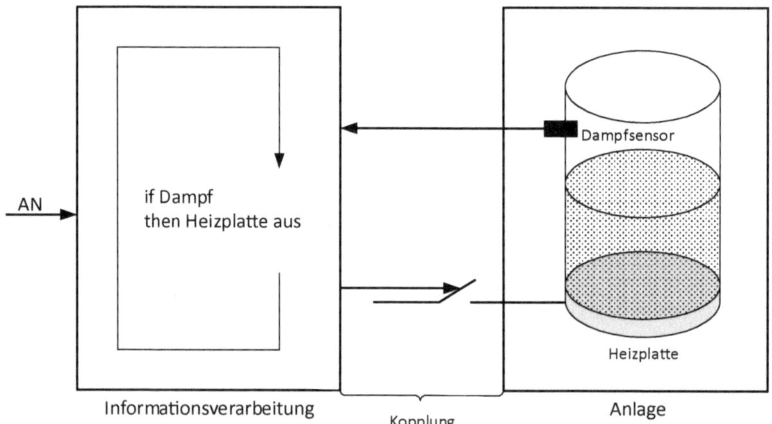

Abb. 1.1 Komponenten einer Automatsierungslösung

Schalter an- und ausgeschaltet. Dieser Schalter (Aktor) und ein Dampf-Sensor, der erkennt, wenn das Wasser kocht, koppelt die Anlage mit der Informationsverarbeitungskomponente. Diese führt ein einfaches Programm aus, das die Heizplatte abschaltet, sobald Dampf gemessen wird.

Je nach Komplexität und Anwendungsgebiet wird die informationsverarbeitende Komponente dabei durch eine einfache Relaisschaltung, ein Embedded-System oder eine speicherprogrammierbare Steuerung (SPS) dargestellt. Diese Komponente erfasst Sensorsignale. Dabei kann es sich um eine binäre Aussage wie „Dampf"/„kein Dampf" oder einen kontinuierlichen Wert wie die Temperatur handeln. Im zweiten Fall spricht man von analogen Größen, obwohl diese durch einen Analog-Digital-Wandler in eine digitale Größe umgewandelt werden, die aber (viel) mehr als zwei Werte annehmen kann. Die Informationsverarbeitungskomponente berechnet aus den Sensorsignalen, wie die Anlage über die Aktoren beeinflusst werden soll, und gibt entsprechende Ausgangswerte aus. Hier sind ebenfalls binäre Aussagen wie „Nicht Ausschalten"/„Ausschalten" oder analoge Aussagen möglich.

Auf den ersten Blick unterscheidet sich die *Informationsverarbeitung* in der Automatisierungstechnik nicht von der in einem Anwendungsprogramm: Eingabedaten werden verarbeitet und entsprechende Ausgabedaten ausgegeben. Auf den zweiten Blick wird aber deutlich, dass es sich um einen über die Anlage geschlossenen Wirkungskreis handelt: Die Eingabedaten kommen aus der Anlage, die wiederum von den Ausgabedaten beeinflusst wird.

Wir wollen uns das am Beispiel des (stark vereinfachten) Autofahrens veranschaulichen (Abb. 1.2): Der Fahrer liest am Tacho die momentane Geschwindigkeit ab (analoge Eingabegröße). Je nach gewünschter Geschwindigkeit drückt er das Gaspedal mehr oder weniger

a phyikalische Darstellung

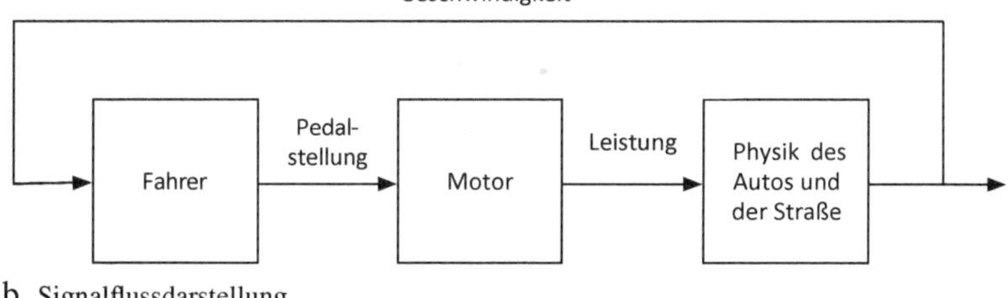

b Signalflussdarstellung

Abb. 1.2 Steuerung eines Autos über das Gaspedal

durch (analoge Ausgabegröße). Das Fahrzeug wird dadurch langsamer oder schneller, woraus sich eine veränderte Eingabegröße ergibt, die wiederum zu einer veränderten Ausgabegröße führt.

In unserem Beispiel stellt der Fahrer die informationsverarbeitende Komponente dar, die während des Fahrens ständig zyklisch die Eingabedaten verarbeitet und Ausgabedaten ausgibt. Sollte die Verarbeitung aussetzen, weil der Fahrer abgelenkt ist, kommt es zu einer Abweichung von der gewünschten Geschwindigkeit.

Prägend für die automatisierungstechnische Informationsverarbeitung ist also, dass die *Datenverarbeitung zyklisch* und nicht nur einmal läuft und dass Änderungen an den Ausgabedaten über die Anlage auf die Eingabedaten zurückwirken.

1.3 Beschreibungsformen

„Klassische" Ingenieurdisziplinen wie der Maschinenbau trennen klar zwischen Entwurf und Ausführung. Der vom Ingenieur erstellte Entwurf wird durch einen Plan, eine Zeichnung oder ein CAD-Modell beschrieben und einem Facharbeiter oder Handwerker zur Umsetzung übergeben.

Im Bereich der Automatisierungstechnik ist die Trennung zwischen „Entwerfer" und „Ausführendem" nicht so ausgeprägt. Hier wird die Lösung oft von ein und derselben Person entworfen und umgesetzt. Außerdem wird der Entwurf meist noch bei der Inbetriebnahme einer Maschine oder Anlage überarbeitet. Infolgedessen wird die formale Beschreibung der automatisierungstechnischen Funktionalität gerne vernachlässigt oder auf Teilaspekte wie den Elektroplan reduziert [1].

Eine Beschreibung ist aber nicht nur für die Umsetzung einer Lösung wichtig, sondern auch für den Austausch mit dem internen oder externen Kunden. Wird rechtzeitig geklärt, was die Automatisierung leisten soll, können teure Änderungen zu einem späteren Zeitpunkt im Projekt vermieden werden. Weiterhin stellt eine gute Beschreibung auch eine Art Testspezifikation dar.

Dieser Abschnitt stellt anhand von Beispielen eine Auswahl verschiedener Beschreibungsformen vor.

1.3.1 Beispiel Wasserkocher

Dazu betrachten wir zunächst den Wasserkocher aus Abb. 1.1 als (sehr einfache) Anwendung:

Die gewünschte Funktionalität beschreiben wir im ersten Schritt zunächst textuell: „Wenn das Gerät eingeschaltet ist, soll es heizen, bis Dampf entsteht."

Aus dieser einfachen Beschreibung können wir zunächst ableiten, dass die gesuchte Automatisierungslösung die Heizung ein- und ausschalten können soll. Zwischenstufen werden nicht unterschieden, es genügt also ein binäres Ausgangsignal Heizung. Aus Sicht der Steuerung ist dieses Signal „wahr" (true bzw. 1) oder „falsch" (false bzw. 0). Damit können wir folgende Festlegung treffen: 0 bedeutet „Heizung aus" und 1 bedeutet „Heizung an".

Weiterhin können wir ableiten, dass es ein Signal für das Entstehen von Dampf geben soll. Auch hier genügt ein binäres Signal Dampf, wobei gelten soll: 0 bedeutet „keine Dampfentwicklung" und 1 bedeutet „Dampfentwicklung".

Für das Ein- und Ausschalten ist ein weiteres Signal nötig. Hier legen wir fest: An mit 0 bedeutet „ausgeschaltet" und 1 bedeutet „eingeschaltet".

Tab. 1.1 stellt die Signale nochmals zusammen.

Mit diesen Festlegungen können wir nun versuchen, die gewünschte Logik darzustellen. Weil wir uns auf binäre Signale festgelegt haben, können wir relativ problemlos alle möglichen Kombinationen auflisten, indem wir im Binärsystem „hochzählen". Bei N *Eingangssignalen* ergeben sich 2^N Kombinationen. Für uns mit $N = 2$ also die vier in Abb. 1.3a dargestellten.

Im nächsten Schritt interpretieren wir die Bedeutung der jeweiligen Zeile, um daraus den für diese Situation angebrachten Ausgangswert abzuleiten. Dabei ergeben sich einleuchtende Situationen wie Zeile 1 0: Der Wasserkocher ist eingeschaltet und es gibt (noch) keine Dampfentwicklung. Oder Zeile 1 1: Der Wasserkocher ist eingeschaltet und es gibt eine Dampfentwicklung.

Auch Zeile 0 0 ist einleuchtend, auch wenn wir wahrscheinlich nicht von uns aus daran gedacht hätten: der Wasserkocher ist abgeschaltet und es entsteht (natürlich) kein Dampf.

Tab. 1.1 Ein- und Ausgangssignale für den Wasserkocher aus Abb. 1.1

Bez.	Ein-/Ausgang	Bemerkung
Heizung	Ausgang	0: Heizung aus 1: Heizung an
Dampf	Eingang	0: keine Dampfentwicklung 1: Dampfentwicklung
An	Eingang	0: ausgeschaltet 1: eingeschaltet

An	Dampf		An	Dampf	Situation		An	Dampf	Heizung
0	0		0	0	Abgeschaltet, kein Dampf		0	0	0
0	1		0	1	Abgeschaltet, Dampf		0	1	0
1	0		1	0	Eingeschaltet, kein Dampf		1	0	1
1	1		1	1	Eingeschaltet, Dampf		1	1	0

a Eingangs-kombinationen   b Situationen   c Wahrheitstabelle

Abb. 1.3 Entwickeln der Wahrheitstabelle für den Wasserkocher aus Abb. 1.1

Zeile 0 1 erscheint unlogisch: der Wasserkocher ist abgeschaltet und es gibt (trotzdem) eine Dampfentwicklung. An diese Situation hätten wir wohl kaum gedacht. Da es sich um eine mögliche Kombination der Eingangswerte handelt, kann sie aber auftreten, sei es durch eine Störung in den Eingängen oder eine von uns nicht erwartete Situation. Bei näherer Betrachtung tritt diese Situation auf, wenn der Wasserkocher nach Einsetzen der Dampfentwicklung abschaltet und durch die Restwärme (noch kurz) weiter Dampf entsteht.

Nachdem wir nun alle Situationen verstanden haben, können wir den Situationen das passende *Ausgangssignal* zuordnen, also festlegen, ob in dieser Situation geheizt werden soll oder nicht. Damit ergibt sich die *Wahrheitstabelle* der Steuerung in Abb. 1.3c.

1.3.2 Wahrheitstabelle

Die *Wahrheitstabelle* stellt im linken Teil alle möglichen Kombinationen der Eingangswerte dar. Der rechte Teil der Tabelle gibt den zugehörigen (gewünschten) Ausgangswert an. Wenn es mehrere Ausgangswerte gibt, werden diese in mehreren Spalten gezeigt.

Die Tabelle ordnet allen möglichen Eingangskombinationen einen Ausgangswert zu. Es handelt sich um eine vollständige Darstellung. Das ist ein großer Vorteil, denn so wird der Entwickler beim Aufstellen der Tabelle gezwungen, alle möglichen Situationen zu bedenken.

Die Tabelle bildet die Eingangswerte unmittelbar auf die Ausgangswerte ab. Die Automatisierung reagiert also auf nur auf die aktuellen Eingangssignale und berücksichtigt deren Vorgeschichte nicht. Eine Lösung wie bei einem CD-Spieler, bei dem der Play-Taster beim ersten Drücken den Abspielvorgang startet und beim zweiten Drücken pausiert, ist so nicht darstellbar.

Üblicherweise werden Wahrheitstabellen wie in Abb. 1.3c für binäre Ein- und Ausgangssignale erstellt. Es ist auch möglich, Tabellen für mehrwertige Signale wie `rot`/`gelb`/`grün` anzugeben. Bei vielen möglichen Werten wird die Darstellung unübersichtlich. In vielen Fällen kann man sich dann noch helfen, indem man analoge Signalen in Klassen einteilt. Z. B.: $T < 20°$ zu `kalt`/$20° \leq T \leq 22°$ `gut`/$22° < T$ zu `warm`.

1.3.3 Beispiel Scheibenwischer

Betrachten wir nun ein weiteres einfaches Beispiel: Der in Abb. 1.4 gezeigte Scheibenwischer wird entsprechend Tab. 1.2 über drei Ein- und zwei Ausgangssignale mit der Steuerung gekoppelt. Die gewünschte Funktionalität beschreiben wir wieder textuell: „Wenn der Scheibenwischer eingeschaltet ist, soll er zunächst nach links wischen, bis der linke Anschlag erreicht wird. Danach soll er nach rechts wischen, bis der rechte Anschlag erreicht wird. Danach soll er wieder nach links wischen."

Versuchen wir nun zunächst, die gewünschte Funktionalität mit einer Wahrheitstabelle darzustellen. Tab. 1.3 zeigt die 2^3 möglichen Kombinationen der drei Eingangswerte.

Abb. 1.4 Das Funktionsschema des Scheibenwischers

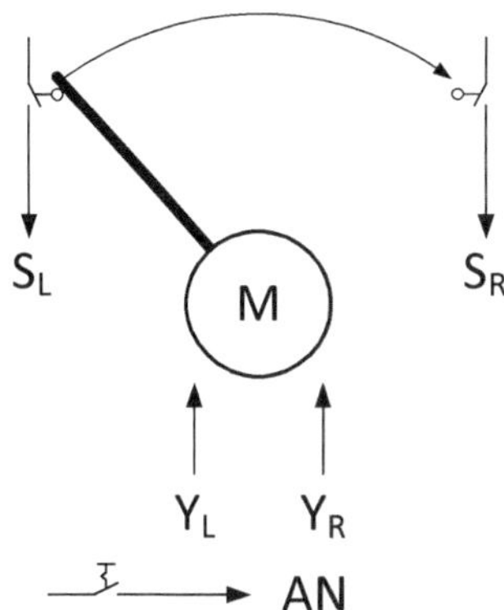

Tab. 1.2 Ein- und Ausgangssignale für den Scheibenwischer aus Abb. 1.4

Bez.	Ein-/Ausgang	Bemerkung
Y_L	Ausgang	0: nicht links fahren 1: nach links fahren
Y_R	Ausgang	0: nicht rechts fahren 1: nach rechts fahren
S_L	Eingang	0: nicht ganz links 1: ganz links
S_R	Eingang	0: nicht ganz rechts 1: ganz rechts
An	Eingang	0: ausgeschaltet 1: eingeschaltet

Vier dieser Zeilen sind „logisch": 0 0 1, 0 1 0, 1 0 1 und 1 1 0. Hier befindet sich der Scheibenwischer jeweils am rechten bzw. linken Anschlag.

Zwei weitere Zeilen sind „unlogisch": 0 1 1 und 1 1 1. Hier sprechen der rechte und der linke Grenztaster gleichzeitig an. Das kann nicht sein, also sollte unsere Automatisierung einen Fehler melden. Dieses Thema wird in Abschn. 4.1.1 ausführlich besprochen. Hier wollen wir die beiden Zeilen der Einfachheit halber ignorieren.

Die beiden Zeilen, 0 0 0 und 1 0 0, scheinen auf den ersten Blick ebenfalls nicht logisch zu sein. Der Scheibenwischer befindet sich weder ganz links, noch ganz rechts. Auf den zweiten Blick wird klar, dass der Scheibenwischer in diesen Fällen beim Wischen ist und sich von links nach rechts oder von rechts nach links bewegt.

Nachdem wir nun alle möglichen Situationen betrachtet haben, wollen wir versuchen, diesen Situationen Ausgangswerte zuzuordnen.

Für 1 0 1 und 1 1 0 ist das einfach: Der Scheibenwischer soll jeweils weg vom Endschalter wischen.

Tab. 1.3 Versuch einer Wahrheitstabelle für den Scheibenwischer aus Abb. 1.4

AN	S_L	S_R	Y_L	Y_R	Situation
0	0	0	?	?	Aus, dazwischen
0	0	1	0	0	Aus, ganz rechts
0	1	0	?	?	Aus, ganz links
0	1	1	?	?	„unlogisch" → Fehler
1	0	0	?	?	An, dazwischen
1	0	1	1	0	An, ganz rechts
1	1	0	0	1	An, ganz links
1	1	1	?	?	„unlogisch" → Fehler

Für 0 0 1 und 0 1 0 stellt sich die Frage, was der Scheibenwischer beim Ausschalten machen soll: Soll er auf der Seite stehen bleiben, die er erreicht hat, oder soll er immer noch nach rechts fahren? Diese Frage kann aus der einfachen, textuellen Spezifikation nicht beantwortet werden. Wir legen fest: Der Scheibenwischer soll immer rechts anhalten. Damit ist klar, dass zu 0 1 0 die Ausgangswerte 0 1 gehören.

Beim Versuch, auch den Zeilen 0 0 0 und 1 0 0 Ausgangswerte zuzuordnen, stoßen wir an die Grenzen der Wahrheitstabelle bzw. der Verknüpfungssteuerung. In diesen beiden Fällen befindet sich der Scheibenwischer zwischen beiden Anschlägen, wischt also gerade. Für die Ausgangswerte muss also gelten: „In die bisherige Richtung weiterwischen." Das ist nur möglich, wenn sich die Steuerung merkt, in welche Richtung gewischt wurde. Wir benötigen also einen Speicher in der Steuerung.

Mithilfe des Speichers kann sich unsere Steuerung merken, in welche Richtung gerade gewischt wird. Da es nur zwei Richtungen gibt, genügt ein binärer Speicher M. Wir legen fest: 0 bedeutet, wir wischen nach links und 1 wir wischen nach rechts. Wenn wir nun diesen Speicher als zusätzlichen Eingang in die Wahrheitstabelle aufnehmen, bekommen wir 4 Eingangsignale und damit 16 Zeilen. Damit können wir die beiden Fälle „Nach links wischen" und „Nach rechts wischen" unterscheiden und jeweils die richtigen Ausgangswerte angeben.

Der Speicher M wird aber nicht nur im Sinne eines Eingangswertes gelesen. Er kann und muss auch wie ein Ausgangswert geschrieben werden, wenn beispielsweise die Bewegungs-richtung wechselt.

1.3.4 Schaltfolgetabelle

Um das abzubilden, wird die Wahrheitstabelle für jeden Speicher um eine Eingangs- und eine Ausgangsspalte erweitert. Damit ergibt sich die *Schaltfolgetabelle*. Der Speicherinhalt wird dabei als zeitlich diskrete Folge von Werten $M_k, M_{k+1}, M_{k+2}, \ldots$ betrachtet. Der aktuelle

Tab. 1.4 Schaltfolgetabelle für den Scheibenwischer aus Abb. 1.4

M_k	AN	S_L	S_R	Y_L	Y_R	M_{k+1}	Bemerkung
0	0	0	0	**1**	**0**	0	Weiter links
0	0	0	1	0	0	0	Rechts, ausschalten
0	0	1	0	0	1	1	Links, nach rechts
0	0	1	1	?	?	?	„unlogisch" → Fehler
0	1	0	0	**1**	**0**	0	Weiter links
0	1	0	1	1	0	0	Rechts, nach links
0	1	1	0	0	1	1	Links, nach rechts
0	1	1	1	?	?	?	„unlogisch" → Fehler
1	0	0	0	**0**	**1**	1	Weiter rechts
1	0	0	1	0	0	0	Rechts, ausschalten
1	0	1	0	0	1	1	Links, nach rechts
1	0	1	1	?	?	?	„unlogisch" → Fehler
1	1	0	0	**0**	**1**	1	Weiter rechts
1	1	0	1	1	0	0	Rechts, nach links
1	1	1	0	0	1	1	Links, nach rechts
1	1	1	1	?	?	?	„unlogisch" → Fehler

Wert des Speichers M_k steht in der Eingangsspalte. Der nächste bzw. der neue Wert M_{k+1} steht in der Ausgangsspalte. Die Schaltfolgetabelle ist als Abbildungsvorschrift aus der aktuellen Situation in die Zukunft zu lesen: Die aktuell anliegenden Eingangssignale und der aktuelle Wert des Speichers selektieren die Tabellenzeile. Der Ausgangsteil gibt an, welche Ausgangswerte ausgegeben werden sollen und welcher Wert in den Speicher geschrieben wird.

Die Schaltfolgetabelle stellt alle möglichen Kombinationen aus Eingangswerten und Zuständen dar. Es handelt sich um eine vollständige Darstellung.

Tab. 1.4 zeigt die Schaltfolgetabelle für unser Beispiel.

Anstatt mehrerer binärer Speicher kann auch eine mehrwertige Zustandsvariable verwendet werden, die den jeweils aktuellen Zustand beschreibt, z. B.: „ausgeschaltet"/„Linkslauf" /„Rechtslauf".

1.3.5 Zustands-Ausgangs-Matrix

Die Schaltfolgetabelle trennt nicht zwischen dem Speicher, der den Zustand beschreibt, und den Eingangswerten. Auch der Ausgangsteil stellt Speicher und Ausgangswerte gemeinsam dar. Dadurch ist sie schwer zu lesen.

Die *Zustands-Ausgangs-Matrix* trennt streng und ist deswegen besser lesbar. Es handelt sich ebenfalls um eine vollständige Darstellung.

Für jeden Zustand gibt es eine Zeile. Im Beispiel werden die Zustände nicht durch mehrere binäre Speicher, sondern eine mehrwertige Zustandsvariable codiert.

Der linke Teil, der Zustands-Teil, enthält eine Spalte für jede mögliche Eingangskombination. Die Spalten entsprechen also den Zeilen der Wahrheitstabelle. Die resultierende Matrix ist dann folgendermaßen zu lesen: Der aktuelle Zustand Z_k spezifiziert die Zeile, die aktuell anliegende Eingangskombination die Spalte. In der so angegeben Zelle steht der neue Zustand Z_{k+1}, der nach dem Zustandsübergang zum (neuen) Zustand Z_k wird.

Im rechten Teil, dem Ausgangsteil, stehen die dem jeweiligen Zustand zugeordneten Ausgangswerte.

Die Bedeutung von vollständig erschließt sich gut, wenn wir die Zustands-Ausgangs-Matrix für den Scheibenwischer schrittweise aufbauen. Abb. 1.5 zeigt eine erste Version der Zustands-Ausgangs-Matrix. Hier sind nur die sich intuitiv anbietenden Übergänge bei Betätigung des rechten bzw. linken Anschlags dargestellt. Die vielen leeren Zellen der Matrix zeigen, über welche Übergänge wir nicht weiter nachgedacht haben.

Beim Aufstellen der Zustands-Ausgangs-Matrix müssen wir also an alle möglichen Kombinationen von Eingangswerten und Zuständen denken. Damit kommen wir auf Abb. 1.6.

S_R	0	1	0	1	0	1	0	1		
S_L	0	0	1	1	0	0	1	1		
AN	0	0	0	0	1	1	1	1	Y_L	Y_R
AUS						Wischen links	Wischen rechts		0	0
Wischen links						Wischen links	Wischen rechts		1	0
Wischen rechts		AUS				Wischen links	Wischen rechts		0	1

Abb. 1.5 Die noch unvollständige Zustands-Ausgangsmatrix zum Scheibenwischer

S_R	0	1	0	1	0	1	0	1		
S_L	0	0	1	1	0	0	1	1		
AN	0	0	0	0	1	1	1	1	Y_L	Y_R
AUS	AUS	AUS	AUS	!	Wischen links	Wischen links	Wischen rechts	!	0	0
Wischen links	Wischen links	Wischen links	Wischen rechts	!	Wischen links	Wischen links	Wischen rechts	!	1	0
Wischen rechts	Wischen rechts	AUS	Wischen rechts	!	Wischen rechts	Wischen links	Wischen rechts	!	0	1

Abb. 1.6 Die Zustands-Ausgangsmatrix zum Scheibenwischer mit Fehlerfällen (grau schaffierte Spalten)

Hier sind alle Zellen gefüllt, auch die die „unlogischen" Zellen. Damit entspricht die Zustands-Ausgangs-Matrix der Schaltfolgetabelle in Tab. 1.4.

1.3.6 Weg-Schritt-Diagramm

Wahrheitstabelle, Schaltfolgetabelle und Zustands-Ausgangs-Matrix führen den Entwickler, indem sie ihn zwingen, alle möglichen Eingangs- und Zustandskombinationen zu bedenken. Der Entwickler hat dabei weniger eine gestaltende Rolle, in der er einen Entwurf erstellt, sondern eher eine analytische. Die resultierenden Tabellen beschreiben zwar korrekt die Funktionalität, allerdings ohne, dass sich der Ablauf der Anlage unmittelbar erschließt.

In der Praxis ist deswegen die Darstellung entsprechend Abb. 1.7 beliebt: Das *Weg-Schritt-Diagramm,* manchmal auch als Funktionsplan oder Weg-Zeit-Diagramm bezeichnet, zeigt die Bewegung der Aktoren während des Ablaufs. Die horizontale Achse zeigt die aufeinanderfolgenden Schritte des Ablaufs. Aus Sicht der informationsverarbeitenden Komponente bedeutet ein Schritt, dass die Ausgangswerte unverändert bleiben. Ein Schritt endet, wenn aufgrund von Eingangswerten oder Zeitablauf neue Werte auszugeben sind.

Abb. 1.7 Das
Weg-Schritt-Diagramm zum
Scheibenwischer

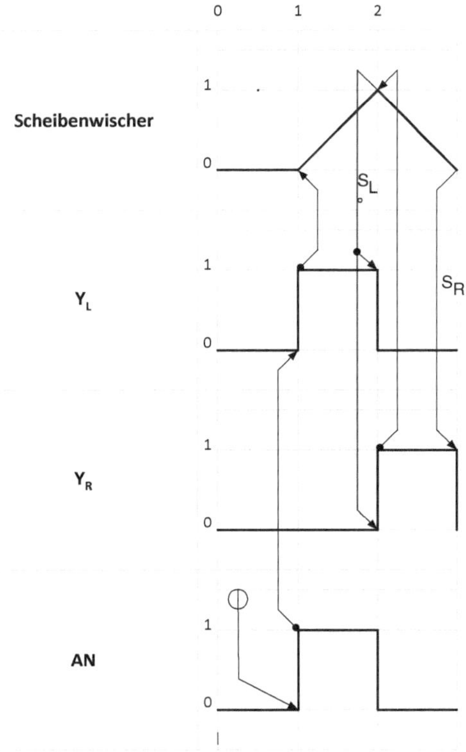

Für jeden Aktor wird ein Diagramm gezeichnet, das dessen Bewegung als schräg steigende oder fallende Linie darstellt. Dabei wird davon ausgegangen, dass sich ein Aktor zwischen zwei verschiedenen Positionen bewegt.

Binäre Ausgänge werden bei Bedarf in weiteren Diagrammen dargestellt, wobei aber eine senkrechte Linie den Wechsel zwischen zwei Werten darstellt, da die Umschaltgeschwindigkeit deutlich höher ist als die Bewegung eines Aktors.

Wirkzusammenhänge, wie das Umschalten der Bewegungsrichtung am rechten bzw. linken Anschlag, werden durch Pfeile dargestellt.

Diese grafische Darstellung zeigt deutlich den Ablauf der Bewegungen in der Anlage. Allerdings führt sie den Entwickler nicht, sodass Fehlzustände, wie das gleichzeitige Ansprechen von S_L und S_R, nicht auffallen. Diese Darstellung ist nicht vollständig.

Auch alternative Abläufe der Anlage können nur durch das Zeichnen mehrerer, alternativer Weg-Schritt-Diagramme dargestellt werden.

1.3.7 Zustandsdiagramm

Das Weg-Schritt-Diagramm stellt den Ablauf der Anlage aus Sicht der Anlage bzw. der Bewegung der einzelnen Aktoren grafisch dar. Die geforderte Funktion der informationsverarbeitenden Komponente kann und muss aus diesem Diagramm abgeleitet werden.

Dabei könnte ein *Zustandsdiagramm* wie in Abb. 1.8 entstehen. Dieses Diagramm zeigt die Zustände der informationsverarbeitenden Komponente als Knoten, grafisch als Ellipse oder Rechteck mit abgerundeten Kanten dargestellt, und die möglichen Zustandsübergänge als gerichtete Kanten, grafisch als Pfeile zwischen den Knoten dargestellt. Die zu einem Zustand gehörenden Ausgangswerte stehen im Knoten. Die Bedingungen für den Zustandsübergang stehen an der Kante.

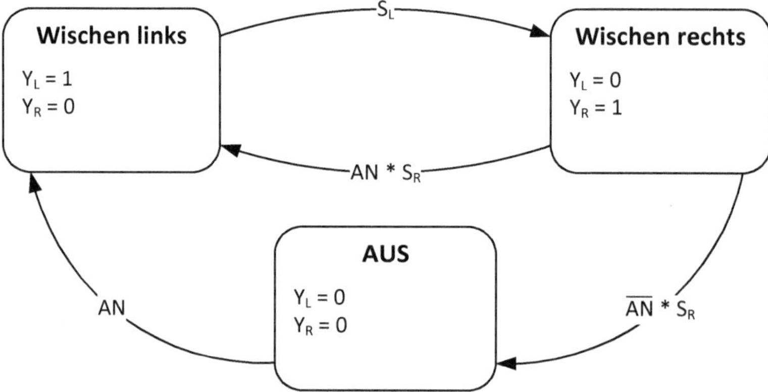

Abb. 1.8 Das Zustandsdiagramm zum Scheibenwischer

Es ist klar zu erkennen, dass das Signal AN nur in den Zuständen Aus und
Wischen rechts eine Wirkung hat. Im Zustand Aus bewirkt es einen Übergang nach
Wischen links, schaltet also den Wischer an und beginnt mit einer Bewegung nach
links. Im Zustand Wischen rechts gibt es zwei Alternativen bei Erreichen des rechten Anschlags: Entweder ist das Signal noch wahr, dann wird wieder nach links gewischt
($AN \cdot S_R$) oder der Scheibenwischer wird abgeschaltet ($\overline{AN} \cdot S_R$) Diese Darstellung ist
ebenfalls nicht vollständig. Die möglichen Zustände sind auf einen Blick erkennbar, ebenso
die *Zustandsübergänge*. Ein Ablauf entspricht dann einer Folge von Zuständen. Bei komplexen Diagrammen sind viele Wege durch das Diagramm und damit viele Abläufe möglich,
aber nicht unmittelbar sichtbar.

1.3.8 Beispiel Tempomat

Als letztes Beispiel in diesem Abschnitt greifen wir nochmal das Szenario aus Abb. 1.2
auf. Die Geschwindigkeitsregelung soll nicht mehr durch den Fahrer, sondern durch eine
Automatisierungslösung erfolgen.

Es gibt zwei Eingangswerte: die momentan gefahrene Geschwindigkeit v_{ist} und die
gewünschte Geschwindigkeit v_{soll}. v_{ist} wird von der Anlage geliefert und hängt von der
Gaspedalstellung und vielen weiteren Faktoren, wie dem Straßenprofil – geht es gerade
bergauf oder bergab – und den Windverhältnissen ab. Dabei stellt v_{soll} einen vom Bediener
gewählten Wert dar, der sich aus Sicht der Automatisierung nur selten ändert – der Fahrer
wählt wohl nur alle paar Minuten bzw. alle paar Kilometer eine neue Sollgeschwindigkeit.

Der Ausgabewert ist die Gaspedalstellung φ_{Gas}.

Abb. 1.9 zeigt das Zusammenspiel der Komponenten: Die Informationsverarbeitung liefert den Ausgangswert φ_{Gas}. Die Anlage reagiert darauf wiederum mit ihrem Ausgangswert
v_{ist}, der einen der beiden Eingangswerte der Informationsverarbeitung darstellt.

Alle drei Größen stellen analoge Werte dar. Damit kann der Zusammenhang zwischen
v_{soll}, v_{ist} und φ_{Gas} nicht mehr durch eine einfache Tabelle dargestellt werden.

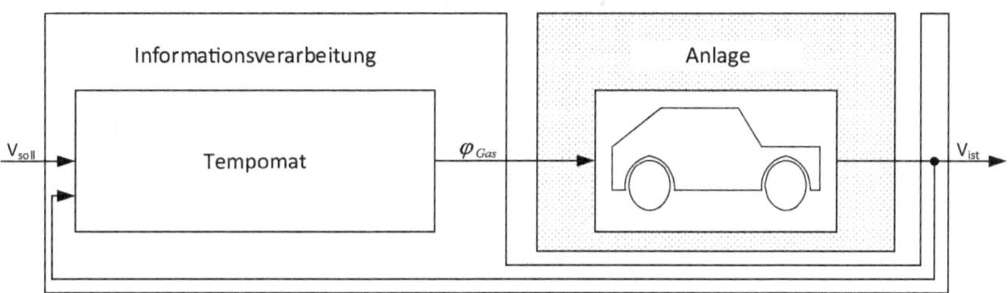

Abb. 1.9 Einfacher Signalflussplan für den Tempomaten

Stattdessen muss eine Rechenvorschrift für φ_{Gas} angegeben werden.

Ganz einfach wäre es, proportional zu v_{soll} Gas zu geben:

$$\varphi_{Gas} = K \cdot v_{soll} \tag{1.1}$$

Bei näherem Hinsehen passt dieses Verhalten aber nicht zu dem eines menschlichen Fahrers. Dieser wird immer auch v_{ist} betrachten und entsprechend dem Unterschied Gas geben. Eine bessere Rechenvorschrift wäre also:

$$\varphi_{Gas} = K \cdot (v_{soll} - v_{ist}) \tag{1.2}$$

Angewendet auf den Ampelstart bedeutet das: Beim Umschalten der Ampel von Rot auf Grün wird $v_{soll} = 50\frac{\text{km}}{\text{h}}$. Es gilt zunächst $v_{ist} = 0$. Damit ergibt sich ein tief gedrücktes Gaspedal (φ_{Gas} ist groß). Je weiter das Fahrzeug beschleunigt, desto kleiner wird die Differenz $v_{soll} - v_{ist}$ und desto weniger Gas gibt der Tempomat. Im Endeffekt kann er so v_{soll} nicht erreichen, da bei $v_{soll} = v_{ist}$ gilt $\varphi_{Gas} = 0$.

Ein menschlicher Fahrer drückt das Gaspedal bei großen Abweichungen weit durch und nimmt dann allmählich Gas weg, bis die gewünschte Geschwindigkeit erreicht ist. Die dann gefundene Pedalstellung behält er bei, bis sich v_{ist} ändert. Dieses Verhalten kann man mathematisch als Integral ausdrücken:

$$\varphi_{Gas}(t) = K \cdot \left((v_{soll}(t) - v_{ist}(t)) + \frac{1}{T_N} \cdot \int_0^t (v_{soll}(\tau) - v_{ist}(\tau)) \cdot \mathrm{d}\tau \right) \tag{1.3}$$

Die so gefundene Funktion $\varphi_{Gas} = Tempomat(v_{soll}, v_{ist})$ beschreibt den Zusammenhang zwischen Eingangs- und Ausgangswerten und ist von der Informationsverarbeitung zyklisch auf die jeweils neuen Eingangsdaten anzuwenden.

1.3.9 Führungssprungantwort

Der Tempomat soll also v_{ist} so beeinflussen, dass es v_{soll} möglichst exakt folgt. Dieser Vorgang läuft kontinuierlich ab. Im Idealfall gilt nach einiger Zeit $v_{ist} = v_{soll}$.

Die Qualität des Reglers zeigt sich aber nicht nur in diesem stationären Zustand, sondern auch und gerade bei einer Änderung von v_{soll}. Um dies zu testen, wird der Regelkreis mit einer sprungförmigen Änderung von v_{soll} beaufschlagt. Damit ergibt sich eine *Sprungantwort* wie in Abb. 1.10. Diese zeigt den Übergang von einem eingeschwungenen Zustand in einen neuen eingeschwungenen Zustand.

Die Leistung des Regelkreises wird dabei einerseits daran gemessen, wie schnell er auf die Änderung reagiert, und andererseits daran, wie groß die nach dem Einschwingen verbleibende Regelabweichung ist.

Mehr zu diesem Thema findet sich im Kap. 3, speziell in Abschn. 3.2.

Abb. 1.10 Beispiel für das
Verhalten des Tempomaten bei
sprungförmiger Änderung von
v_{soll}

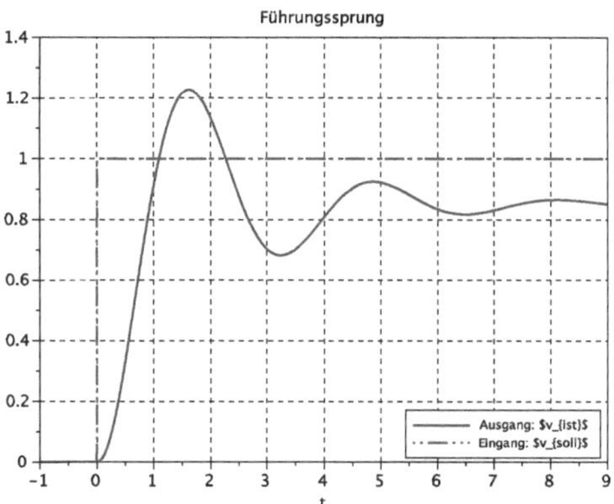

1.4 Steuerung und Regelung

Allen Anwendungen der Automatisierungstechnik ist gemeinsam, dass das Wechselspiel
zwischen Informationsverarbeitung und Prozess zu einem neuen, oft sehr komplexen Verhalten des automatisierten Gesamtsystems führt. Für die Beschreibung des gewünschten
Verhaltens nutzt die Automatisierungstechnik verschiedene formale Beschreibungen.

Die Beispiele und Beschreibungsformen aus Abschn. 1.3 unterscheiden sich im Hinblick
auf die Art der Eingangs- und Ausgangswerte, für die sie sich eignen. Wir können zwischen
Beschreibungen für binäre bzw. mehrwertige Variablen und solchen für kontinuierliche bzw.
analoge Variablen unterscheiden.

Für die Analyse des Systemverhaltens wird das System mathematisch modelliert. Dieses
Modell kann dann untersucht werden, um nachzuweisen, ob der Entwurf den Anforderungen
entspricht. Die mathematischen Modelle unterscheiden sich dabei stark, je nachdem, ob das
Modell durch binäre und mehrwertige Variablen geprägt wird oder eher durch kontinuierliche Variablen. Die für den zweiten Fall genutzten Differentialgleichungen wirken zwar oft
abschreckend auf ungeübte Anwender, sind aber seit über hundert Jahren im Gebrauch
und entsprechend gut verstanden. Die Methoden der diskreten Mathematik, mit denen
sich die erste Problemkategorie beschreiben ließe, sind dagegen weniger gut bekannt und
beschrieben.

In der Literatur zur Automatisierungstechnik wird meist zwischen *Steuerung* und *Regelung* unterschieden. Die gebräuchlichen Definitionen heben dabei darauf ab, dass eine Regelung einen geschlossenen *Wirkungskreislauf* hat. Die Reaktion des Prozesses auf die an den
Prozess ausgegeben Signale wird erfasst, bewertet und dann werden neue Signale an den
Prozess ausgegeben. Bei einer Steuerung wird dagegen herausgestellt, dass es sich um einen
offenen *Wirkungsweg* handelt, also die Signale, die an den Prozess gehen, nicht von dessen
Reaktion abhängen. Das ist fast immer nicht zutreffend, denn auch die Steuerung reagiert
auf den Prozess und beeinflusst diesen entsprechend dem Automatisierungsziel.

Der Rest des Buches unterscheidet pragmatisch anhand der eingesetzten Mittel zur Beschreibung und Synthese der Automatisierungsfunktion: Bei der Steuerung kommen eher „naive", aus dem gesunden Menschenverstand her kommende Verfahren zum Einsatz, während die Regelung mit einem über mehr als einhundert Jahre entwickelten und verfeinerten Theoriegebäude beschrieben und entworfen wird.

1.4.1 Steuerungen

Steuerungen bilden aus binären (oder mehrwertigen) Eingangsignalen binäre oder mehrwertige Stellsignale, die im gesteuerten Prozess Aktionen auslösen, deren Wirkung in den Eingangssignalen an die Steuerung zurückgemeldet wird.

Dabei wird zwischen rein kombinatorischen Steuerungen und sequenziellen Steuerungen unterschieden.

Eine *Verknüpfungssteuerung* oder *kombinatorische Steuerung* bildet die Eingangssignale direkt auf die Ausgangssignale ab.

Bei der *sequenziellen Steuerung* oder *Ablaufsteuerung* hängen die Ausgangssignale von den Eingangssignalen und dem internen Zustand der Steuerung ab, der in einem Speicher gehalten wird und abhängig von den Eingangssignalen und dem (alten) Zustand verändert wird.

1.4.2 Regelungen

Das Regeln, die *Regelung,* ist ein Vorgang, bei dem eine Größe, die zu regelnde Größe *(Regelgröße),* fortlaufend erfasst, mit einer anderen Größe, der Führungsgröße, verglichen und im Sinne einer Angleichung an die Führungsgröße beeinflusst wird. Dazu bestimmt der *Regler* entsprechend der Abweichung zwischen *Führungs-* und *Regelgröße (Regeldifferenz)* eine *Stellgröße,* die er an das zu regelnde System ausgibt.

Übungsaufgaben
(Lösungsvorschläge in Abschn. A.1)

Vereinzeln von Teilen
Abb. 1.11 zeigt ein Förderband, auf dem Teile, die in beliebiger Reihenfolge ankommen, einzeln an die nächste Station weitergegeben werden sollen.

Zur Vereinzelung werden die Teile durch die Kombination von zwei Stoppern, die durch die Signale A1 und A2 angesteuert werden (1 bedeutet Stoppen), gestaut.

Die Mechanik ist dabei so aufgebaut, dass bei vor dem zweiten Stopper gestauten Teilen das vorderste Teil durch Ausfahren des ersten Stoppers von der „Schlange" abgetrennt wird.

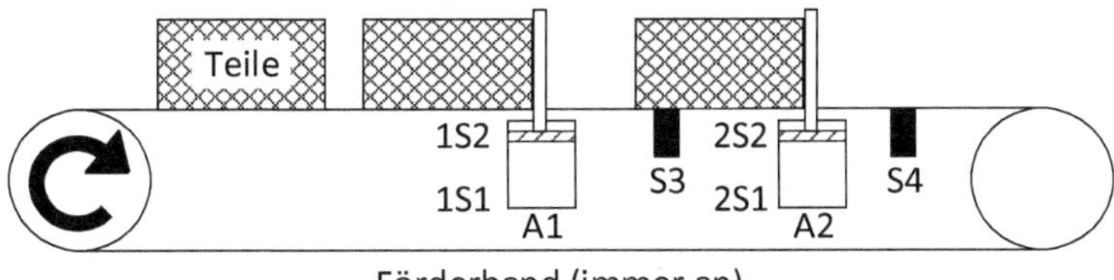

Abb. 1.11 Förderband mit Teilevereinzelung

Der Sensor S3 meldet, ob sich ein Teil vor dem zweiten Stopper befindet (1 bedeutet Teil da).

Der Sensor S4 meldet, ob sich ein Teil hinter dem zweiten Stopper befindet (1 bedeutet Teil da) und auf die Übernahme in die nächste Station wartet. Sobald der Sensor kein Teil mehr meldet, kann das nächste Teil den zweiten Stopper überfahren.

Die Sensoren 1S1 und 2S1 melden, dass sich der jeweilige Stopper in der unteren Position befindet.

Die Sensoren 1S2 und 2S2 melden, dass sich der jeweilige Stopper in der oberen Position befindet.

1.1. Definieren Sie einzelne Arbeitsschritte!

Skizzieren Sie für diese Schritte jeweils die Position der Stopper und die Belegung der Sensoren!

Geben Sie für jeden der Schritte die Bedingung für den Übergang in den nächsten Schritt an!

1.2. Geben Sie ein Weg-Schritt-Diagramm für die Steuerung an!

1.3. Geben Sie ein Zustandsdiagramm für die Steuerung an!

Literatur

1. Plenk, V.: Embedded Software im Maschinenbau - Methoden und Probleme bei mittelständischen Sondermaschinenbauern. Automatisierungstechnische Praxis (atp) **51**(4), 56–59 (2009)

Dieses Kapitel beschäftigt sich mit der Informationsverarbeitung in einer Steuerung. Kap. 5 gibt einen knappen Überblick über die gerätetechnische Darstellung von Automatisierungsfunktionalität.

Die informationsverarbeitende Komponente ist der zentrale Bestandteil einer Automatisierungslösung. Abschn. 1.2 hat dargestellt, dass diese Komponente zyklisch die Eingabedaten verarbeitet und Ausgabedaten ausgibt. Auf den ersten Blick unterscheidet sich in dieser Hinsicht eine Steuerung nicht von einer Regelung. In der Praxis werden für Steuerungen oft weniger leistungsfähige Rechner eingesetzt.

Die geforderte Steuerungsfunktionalität wird durch eine der in den Abschn. 1.3.2–1.3.7 vorgestellten Beschreibungsformen definiert.

Für die technische Realisierung muss die Beschreibung in eine entsprechende Lösung umgesetzt werden. Dafür gibt es verschiedene Ansätze.

2.1 Verbindungsprogrammierte Steuerungen

Bei einer *verbindungsprogrammierten Steuerung* wird die *Schaltlogik,* also die Informationsverarbeitung, durch die (festen) Verbindungen zwischen einzelnen, einfachen Bauelementen festgelegt. Als Bauelemente kommen Relais, Schütze oder Logikgatter in Frage. Die Funktionalität orientiert sich dabei an den in Abb. 2.1 dargestellten elementaren Funktionen, mit denen (mit etwas Aufwand) jede beliebige Funktionalität abgebildet werden kann.

Ändert sich die Steuerungsaufgabe, so muss in der Regel die Verdrahtung, häufig aber auch die Bestückung mit Bauelementen geändert werden.

© Springer Fachmedien Wiesbaden GmbH, ein Teil von Springer Nature 2019   19
V. Plenk, *Grundlagen der Automatisierungstechnik kompakt,*
https://doi.org/10.1007/978-3-658-24469-9_2

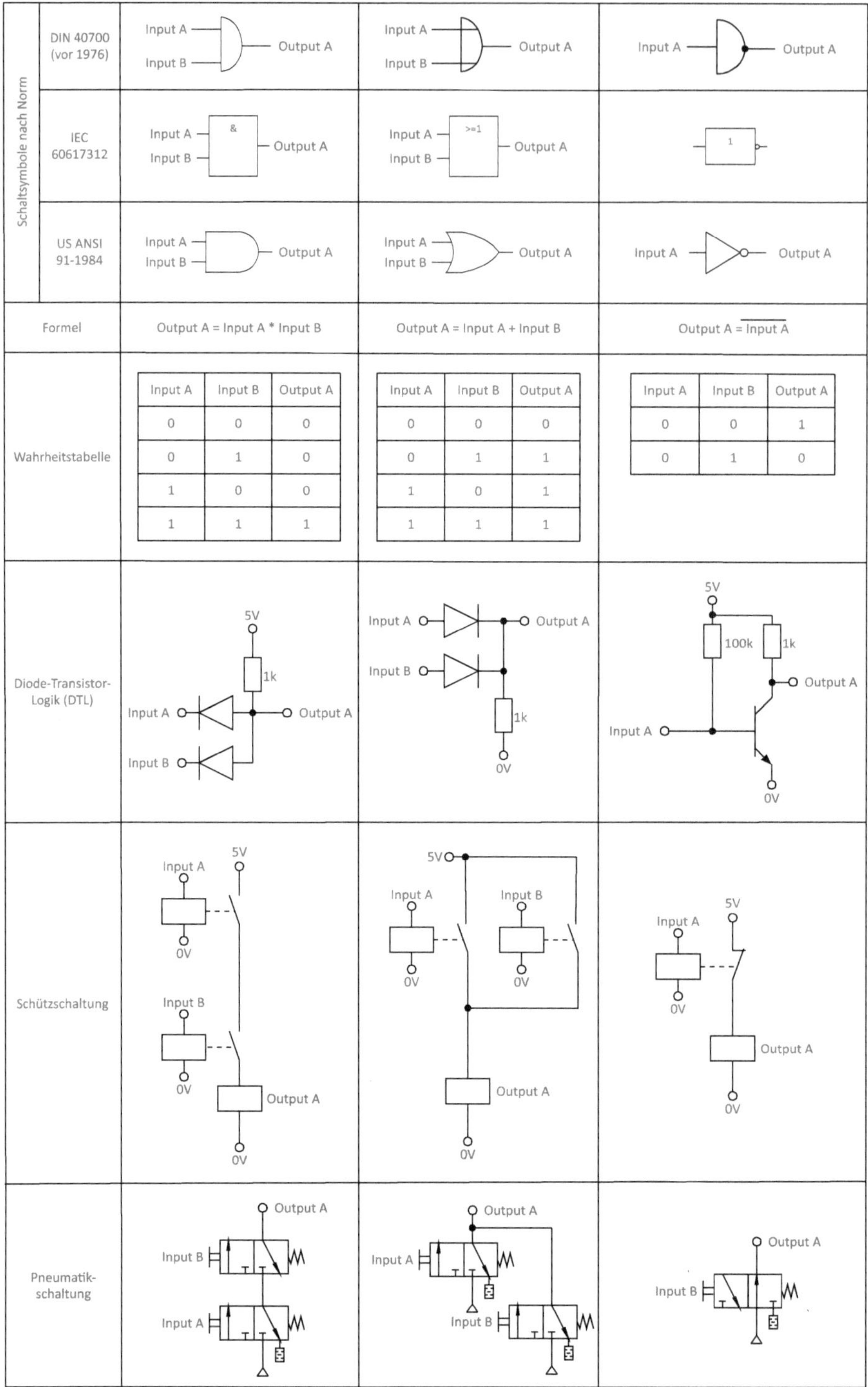

Abb. 2.1 Realisierungsmöglichkeiten elementarer boolescher Funktionen

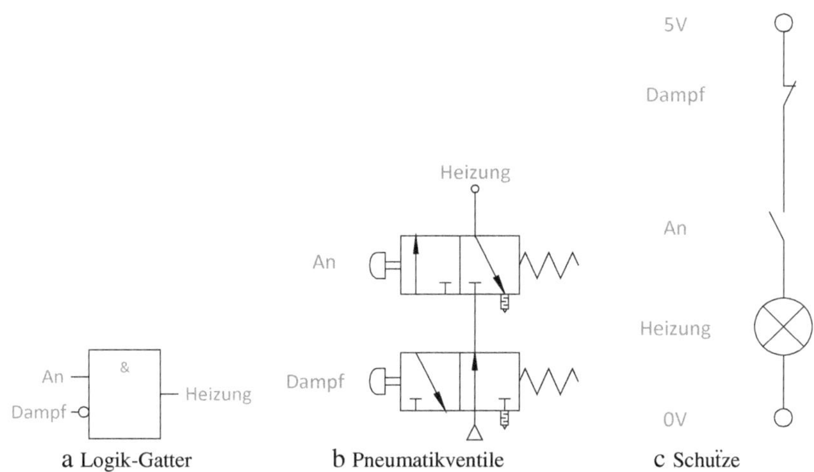

Abb. 2.2 Realisierungsmöglichkeiten für die Wahrheitstabelle aus Abb. 1.3c

2.1.1 Verknüpfungssteuerungen

Verknüpfungssteuerungen werden durch eine Wahrheitstabelle beschrieben.

Diese Tabelle lässt sich über die aus der *booleschen Algebra* bekannte *disjunktive Normalform* in eine Kombination von UND und ODER Schaltungen überführen. Dazu wird für jede Zeile der *Wahrheitstabelle,* die eine 1 liefert, eine UND-Verknüpfung der Eingangskombination dieser Zeile angegeben. Dabei erscheinen die Eingänge, die den Wert 1 haben, nicht invertiert und die Eingänge, die den Wert 0 haben, invertiert. Die resultierenden UND-Verknüpfungen werden über eine ODER-Verknüpfung auf das Ausgangssignal zusammengefasst.

Für die Wahrheitstabelle aus Abb. 1.3c steht in der Zeile 0 1 im Ausgang eine 1. Damit ergibt sich für diese 1 der Ausdruck $\mathtt{An} \cdot \overline{\mathtt{Dampf}}$. Da es nur diesen einen Ausdruck gibt, ist keine ODER-Verknüpfung mehr nötig. Abb. 2.2 zeigt verschiedene Realisierungsmöglichkeiten für diese Schaltung.

2.1.2 Ablaufsteuerungen

Alle Beschreibungsformen für *Ablaufsteuerungen* können auf die Schaltfolgetabelle zurückgeführt werden.

Diese Tabelle kann als Zusammenfassung mehrerer Wahrheitstabellen aufgefasst werden. Tab. 1.4 enthält also Wahrheitstabellen für die Ausgänge Y_L, Y_R. Der Speicher erscheint einmal als Eingang M_k und Ausgang M_{k+1}. Mit einem kleinen Kniff kommt man damit auf die Darstellung in Abb. 2.3.

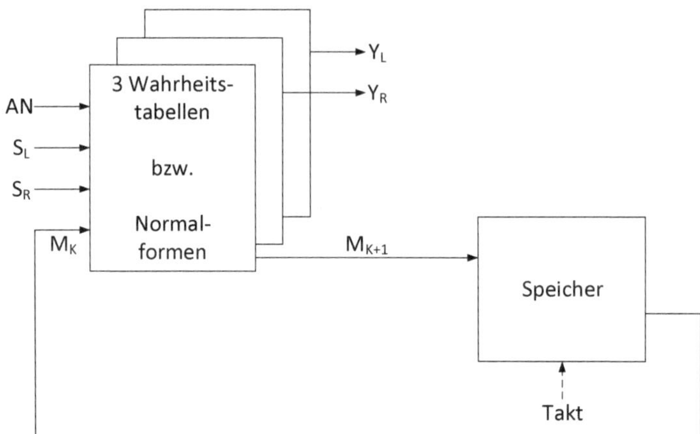

Abb. 2.3 Schaltung für die Ablaufsteuerung des Scheibenwischers entsprechend der Schaltfolgetabelle 1.4

Für jedes der drei Signale Y_L, Y_R und M_{k+1} wird auf Basis der disjunktiven Normalform
eine Schaltung entwickelt (siehe Abschn. 2.1.1).

Das Eingangssignal M_k wird an den Ausgang eines Speichers angeschlossen. Der Ausgang M_{k+1} des entsprechenden Schaltnetzes gibt den neuen Speicherinhalt an und wird an
den Eingang des Speichers angeschlossen.

Eine solche Schaltung wird auch als *Schaltwerk* bezeichnet. Derartige Schaltwerke arbeiten sehr schnell: Eine Änderung der Eingangssignale führt innerhalb weniger Nanosekunden
zu einer Änderung des Ausgangssignals. Bei einem rückgekoppelten System (M_{k+1} beeinflusst sich selbst) führt man zur Sicherheit oft einen Takt ein, sodass die Änderungen immer
erst mit der nächsten steigenden Taktflanke wirksam werden. Das stellt keine Einschrän-
kung dar, da problemlos Taktfrequenzen möglich sind, die weit jenseits der möglichen
Änderungsgeschwindigkeiten der gesteuerten Anlage liegen ($>> 1\,\text{MHz}$).

2.2   Hochspracheprogrammierung

Ein großer Nachteil der verbindungsprogrammierten Steuerungen liegt darin, dass die
Zusammenstellung der Bauelemente und deren Verbindungen eng mit der geforderten Steuerungsfunktionalität zusammenhängen. Eine Großserienfertigung der Steuerung ist nur möglich, wenn viele Steuerungen mit identischer Funktionalität gebraucht werden.

Wenn man nun eine Standard-Hardware mit problemspezifischer Software ausstattet,
kann die Hardware in Großserienfertigung günstig hergestellt und die Steuerungsfunktionalität für die verschiedenen Anwendungen durch entsprechend angepasste Software dargestellt werden.

Die Hardware muss dazu die elektrischen Eingangssignale einlesen und in boolesche
Werte umwandeln. Das Steuerungsprogramm berechnet daraus boolesche Ausgangswerte,

die wiederum in elektrische Ausgangssignale umgesetzt werden. Geübte Programmierer werden das Ansprechen der Ein- und Ausgangsklemmen meist in zwei Funktionen kapseln, sodass die Steuerungsfunktionalität unabhängig von der konkreten Hardware implementiert werden kann. Wir gehen hier von folgender Kapselung aus:

Die Funktion **boolean** `leseEingang(Eingaenge zuLesen)` spricht die dem Parameter `zuLesen` entsprechende Eingangsklemme an und gibt je nach anliegender Spannung den Wert **true** oder **false** zurück.

Die Funktion **void** `schreibeAusgang(Ausgaenge zuSchreiben,` **boolean** `wert)` spricht die dem Parameter `zuSchreiben` entsprechende Ausgangsklemme an und erzeugt dort entsprechend dem Parameter `wert` eine hohe oder eine niedrige Ausgabespannung – meist 24 V für **true** und 0 V für **false**.

2.2.1 Verknüpfungssteuerung

Mit diesen Vereinbarungen lässt sich die Steuerungslogik für die Wahrheitstabelle aus Abb. 1.3c als Java-Programm angeben:

```java
if(leseEingang(An)) {
  if(leseEingang(Dampf)) {
     // An ist 1 bzw. true, Dampf ist 1
     // --> Zeile 4 der Tabelle: 0 bzw. false ausgeben
     schreibeAusgang(Heizung,false);
  }
  else {
     // An ist 1 , Dampf ist 0
     // --> Zeile 3 der Tabelle: 1 ausgeben
     schreibeAusgang(Heizung,true);
  }
}
else
{
  if(leseEingang(Dampf)) {
     // An ist 0, Dampf ist 1
     // --> Zeile 2 der Tabelle: 0 bzw. false ausgeben
     schreibeAusgang(Heizung,false);
  }
  else {
     // An ist 0 , Dampf ist 0
     // --> Zeile 1 der Tabelle: 0 ausgeben
     schreibeAusgang(Heizung,false);
  }
}
```

Geübte Programmierer werden wohl eine kürzere Darstellung wählen, die nur zwei Fälle unterscheidet:

```
if(leseEingang(An) && !leseEingang(Dampf)) {
    // An ist 1 , Dampf ist 0
    // --> Zeile 3 der Tabelle: 1 ausgeben
    schreibeAusgang(Heizung,true);
}
else {
    // die anderen Zeilen: 0 ausgeben
    schreibeAusgang(Heizung,false);
}
```

Dabei ist es sehr wichtig, nicht nur den „Anschaltfall", bei dem der Ausgang gesetzt wird, sondern auch den „Abschaltfall" im **else**-Zweig, bei dem der Ausgang zurückgesetzt oder gelöscht wird, auszuprogrammieren. Sonst bleibt der Ausgang immer an.

Der Vollständigkeit halber möchte ich noch eine Variante erwähnen, die sehr kurzen, aber in komplexeren Fällen auch sehr schlecht verständlichen Code liefert. Man kann einfach einen boolschen Ausdruck berechnen und das Ergebnis auf den Ausgang schreiben:

```
schreibeAusgang(Heizung,
    leseEingang(An) && !leseEingang(Dampf));
```

Im Hinblick auf den Zusammenhang zwischen Ein- und Ausgangswerten sind alle drei Codestücke identisch und liefern die in der Wahrheitstabelle geforderte Funktionalität. Im Vergleich zur Hardwarelösung aus Abschn. 2.1 fehlt aber noch eine wichtige Eigenschaft: Die Hardwarelösung reagiert permanent auf Änderungen der Eingangssignale, während unsere Codestücke nach einem Durchlauf beendet sind, die Eingänge nicht mehr abfragen und die Ausgangswerte nicht mehr entsprechend anpassen. Die einfachste und in der Praxis am weitesten verbreitete Lösung für dieses Problem ist es, den Code in einer Endlosschleife immer wieder anzustoßen:

```
while(true) {
    // Endlosschleife, in der der Steuerungscode ablaeuft
    if(leseEingang(An) && !leseEingang(Dampf)) {
        ...
    }
}
```

Diese zentrale Schleife wird auch als *Pollingschleife* bezeichnet. In dieser Schleife können auch mehrere verschiedene Codestücke nacheinander ausgeführt werden, was aus Sicht des gesteuerten Aufbaus so wirkt, als ob alle Codestücke parallel ausgeführt werden. Die Durchlaufzeit der Schleife wird bei moderner Hardware auch bei vielen Codestücken sehr kurz sein. 1 ms ist problemlos möglich.

Die einfache Softwarestruktur erlaubt es auch, eine obere Grenze für die Reaktionszeit der Steuerungssoftware anzugeben. Die Reaktionszeit t_R ist die Zeit, die vergeht, bis sich die

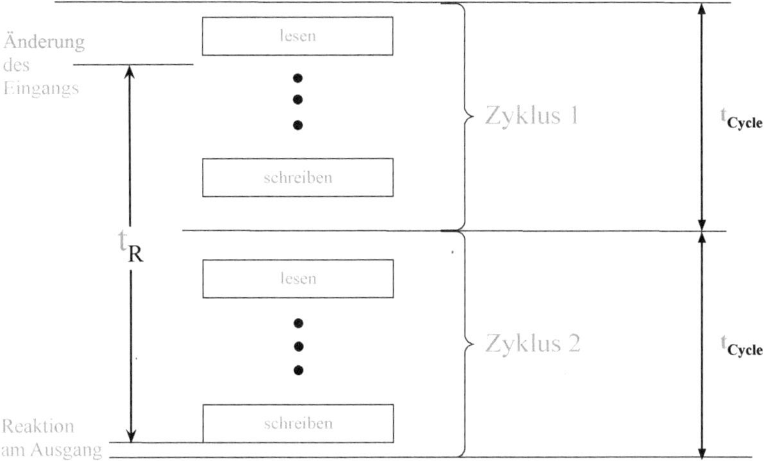

Abb. 2.4 Abschätzung der maximalen Reaktionszeit einer Pollingschleife

Ausgänge der Steuerung als Reaktion auf eine Änderung der Eingänge verändern. Abb. 2.4 zeigt die Worst-Case-Abschätzung der Reaktionszeit: Wir nehmen zunächst an, dass die Eingänge zu Beginn eines Zyklus, also am Anfang der Pollingschleife, gelesen und am Ende des Zyklus geschrieben werden. Es wird also mindestens die Zeit für den Durchlauf eines Zyklus, t_{Cycle}, vergehen, bis eine Änderung am Eingang auf die Ausgänge wirkt. Um ganz sicher zu gehen, stellen wir uns vor, dass die Änderung an den Eingängen genau nach dem Lesen der Eingänge auftritt. Damit benötigen wir einen zweiten Zyklus, bis die Eingänge wieder gelesen werden. Somit gilt

$$t_R \leq 2 \cdot t_{Cycle} \qquad (2.1)$$

Manche Anwendungen nutzen die Schleife auch, um neben der Steuerungsfunktionalität periodisch eine Benutzerschnittstelle zu bedienen, indem sie Eingabefelder abfragen und die Anzeigeelemente aktualisieren. Beim Einsatz auf schnellen Rechnern mit Betriebssystemen wie Linux oder Windows ist es auch möglich, die Endlosschleife durch einen zeitgesteuerten, periodischen Aufruf zu ersetzen, sodass mehr Rechenleistung für andere unter dem Betriebssystem laufende Anwendungen verfügbar wird.

2.2.2 Ablaufssteuerung

Von den Beschreibungsformen aus Kap. 1 eignen sich besonders das Zustandsdiagramm (Abschn. 1.3.7) und das Weg-Schritt-Diagramm (Abschn. 1.3.6) als Basis für die Entwicklung der Steuerungsfunktionalität.

Auf dieser Basis werden „klassische" Hochsprachenprogrammierer Ablaufsteuerungen meist als Folge von „Warteschleifen" implementieren, die das Programm solange auf einen zum aktuellen Schritt passenden Codeteil beschränken, bis die Bedingung für den Übergang in den nächsten Schritt erfüllt ist. Für das Zustandsdiagramm in Abb. 1.8 könnte das so aussehen:

```
while(!leseEingang(Eingaenge.AN)) {
  // zunaechst im Schritt "AUS" bleiben
  ...
}
while(!leseEingang(Eingaenge.SL)) {
  // in Schritt "Wischen links" bleiben
  ..
}
```

Da ja technische Abläufe meist zyklisch sind, werden diese einzelnen Warteschleifen wieder in einer Endlosschleife zusammengefasst, die nach dem letzten Schritt wieder in den ersten springt.

Obwohl ein derartiges Programm durchaus das gewünschte Verhalten zeigen kann, ist diese Art der Programmierung in der Steuerungstechnik unüblich, denn die einzelnen, blockierenden Warteschleifen verhindern, dass andere Funktionalitäten parallel ausgeführt werden können.

Soll eine *Ablaufsteuerung* in der in Abschn. 2.2.1 eingeführten *Pollingschleife* laufen, muss sie etwas anders implementiert werden. Dazu wird eine Variable eingeführt, die den aktuellen Schritt bzw. Zustand speichert. Der Code verzweigt nun je nach Schritt in verschiedene Zweige, in denen die Ausgänge entsprechend gesetzt und die Bedingungen für den Übergang in den jeweils nächsten Schritt geprüft werden:

```
switch (meinZustand) {
  case AUS:
    // Zunaechst die zum Zustand gehoerigen Ausgangswerte schreiben
    ...
    // Eingaenge, die zum Zustandsuebergang fuehren einlesen und
       ggf. neuen Zustand setzen
    if(leseEingang(Eingaenge.AN))
      meinZustand = Zustaende.WischenRechts;
    break;
  case WischenLinks:
    ...
}
```

Dieser Code wird nun wieder zyklisch in eine Pollingschleife ausgeführt. Listing 2.1 zeigt das gesamte Programm.

Listing 2.1 Java Code für den Scheibenwischer nach dem Zustandsdiagramm in Abb. 1.8

```java
// Typ mit allen moeglichen Zustaenden
public enum Zustaende {
    AUS, WischenLinks, WischenRechts
};
// Typen mit allen Eingaengen und allen Ausgaengen
public enum Eingaenge { AN, SR, SL};
public enum Ausgaenge { YL, YR};


// Speicher fuer aktuellen Zustand
private Zustaende meinZustand = Zustaende.AUS;


// Routinen zum Ansprechen der Ein- und Ausgaenge
boolean leseEingang(Eingaenge zuLesen) {
    // Hier sollte was sinnvolles rein, das die Hardware anspricht
}


void schreibeAusgang(Ausgaenge zuSchreiben, boolean wert) {
    // Hier sollte was sinnvolles rein, das die Hardware anspricht
}


void steuerung() {
    // Endlosschleife, in der die Steuerung ablaeuft
    while(true) {
        System.out.println("=====================");
        System.out.println("Zustand"+meinZustand);
        switch (meinZustand) {
        case AUS:
            // Zunaechst die zum Zustand gehoerigen Ausgangswerte
                schreiben
            schreibeAusgang(Ausgaenge.YL,false);
            schreibeAusgang(Ausgaenge.YR,false);
            // Eingaenge, die zum Zustandsuebergang fuehren
                einlesen und ggf. neuen Zustand setzen
            if(leseEingang(Eingaenge.AN)) {
                meinZustand = Zustaende.WischenRechts;
            }
            break;

        case WischenLinks:
            // Zunaechst die zum Zustand gehoerigen Ausgangswerte
                schreiben
            schreibeAusgang(Ausgaenge.YL,true);
            schreibeAusgang(Ausgaenge.YR,false);
```

```
        // Eingaenge, die zum Zustandsuebergang fuehren
            einlesen und ggf. neuen Zustand setzen
        if(leseEingang(Eingaenge.SL))
            meinZustand = Zustaende.WischenRechts;
        break;


    case WischenRechts:
        // Zunaechst die zum Zustand gehoerigen Ausgangswerte
            schreiben
        schreibeAusgang(Ausgaenge.YL,false);
        schreibeAusgang(Ausgaenge.YR,true);
        // Eingaenge, die zum Zustandsuebergang fuehren
            einlesen und ggf. neuen Zustand setzen
        if(!leseEingang(Eingaenge.AN) && leseEingang(Eingaenge.
            SR))
            meinZustand = Zustaende.AUS;
        if(leseEingang(Eingaenge.AN) && leseEingang(Eingaenge.
            SR))
            meinZustand = Zustaende.WischenLinks;
        break;
        }
    }
}
```

2.3   Speicherprogrammierte Steuerungen

Bei einer *speicherprogrammierten Steuerung (SPS)* wird die Schaltlogik durch den Inhalt
eines (Programm-)Speichers definiert.

Im Prinzip handelt es sich bei der SPS um eine Kombination aus industrietauglichen Ein-
und Ausgangsbaugruppen mit einem frei programmierbaren Computer in industrietaugli-
chem Gehäuse, der ein Programm ausführt, das im Speicher liegt.

Der ursprüngliche Programmieransatz ähnelte dem in Abschn. 2.2 dargestellten. Allerdings wurde damals wegen der wenig leistungsfähigen Hardware nicht in Hochsprache,
sondern in Assembler programmiert. Diese Programmierung erwies sich als große Hürde
für die breite Akzeptanz in der Steuerungstechnik, da das dort überwiegend eingesetzte
Personal kaum Programmierkenntnisse hatte, dafür aber gut mit der verbindungsprogrammierten Steuerung (Abschn. 2.1) vertraut war.

Der Durchbruch für die SPS in den 1970er Jahren kam durch Entwicklungssysteme,
bei denen die „Programmierung" ähnlich zur bis dahin üblichen verknüpfungsbasierten
Steuerung in „Programmiersprachen" wie dem Kontaktplan (Abb. 2.5) erfolgte [1].

Ausgehend vom Kontaktplan wurden inzwischen die in Tab. 2.1 dargestellten fünf SPS-
Programmiersprachen entwickelt und in der Norm EN 61131-3 bzw. IEC 61131-3 definiert.

Netzwerk 1: KOP-Programm Wasserkocher

Abb. 2.5 KOP-Programm für die Wahrheitstabelle aus Abb. 1.3c

Moderne SPSen bieten meist leistungsfähige Zusatzfunktionen und laufen teilweise als reine Softwarelösung, *Soft-SPS,* unter Windows, verwenden aber im Kern immer noch die Programmiersprachen, die sich an die verbindungsprogrammierte Steuerung anlehnen.

Dieser Abschnitt zeigt, wie mit zwei dieser ursprünglichen Sprachen, nämlich der Anweisungsliste (AWL) und dem Funktionsplan (FUP), die Steuerungsfunktionalität implementiert werden kann.

2.3.1 Speicherbereiche

Moderne Compilersprachen verbergen die Speicherorte der Variablen vor dem Programmierer. Die Adressierung erfolgt ausschließlich symbolisch über den Variablennamen.

Bei einer speicherprogrammierbaren Steuerung ist das anders. Der Programmierer muss festlegen, auf welchen Adressen welche Variablen gespeichert werden. Die Steuerung unterscheidet dabei die folgenden Speicherbereiche:

%E, %I: An den *Eingangsklemmen* der SPS werden Sensoren und Taster angeschlossen. Die Elektronik setzt die an der Klemme anliegende Spannung in einen binären Wert um, der entweder wahr (eine logische 1) oder falsch (eine logische 0) ist. Dieser Wert kann über eine der Klemme zugeordnete Adresse gelesen werden. Im allgemeinen werden 8 Eingangsklemmen (Bits) zu einem Byte zusammengefasst. Die Adressierung erfolgt über das Schema `<Byte>.<Bit>`. `%I4.1` adressiert also das Bit 1 im Byte 4. Die Bits werden dabei von 0 bis 7 nummeriert. Die Zuordnung der Bytes zu den einzelnen Eingangsbaugruppen wird in der Hardwarekonfiguration festgelegt.

%A, %Q: An den *Ausgangsklemmen* der SPS werden Aktoren wie Magnetventile, Schütze oder Signalleuchten angeschlossen. Die Elektronik setzt den binären Wert, der in Klemme zugeordneten Adresse gespeichert ist, in eine Spannung um. Der logischen 0 entspricht dabei meist 0 V, der logischen 1 meist 24 V. Die Adressierung erfolgt wie bei den Eingangsklemmen über das Schema `<Byte>.<Bit>`. Ausgänge können geschrieben und (zurück)gelesen werden.

%M: *Merker* verhalten sich im Prinzip wie die Ausgangsklemmen, haben aber keine unmittelbare Wirkung auf die Klemmen. Ein einmal geschriebener Wert bleibt erhalten und kann zu einem späteren Zeitpunkt wieder gelesen werden.

Tab. 2.1 Die fünf Programmiersprachen nach IEC 61131-3

	Englisch		Deutsch	
Abk.	Bezeichnung	Abk.	Bezeichnung	Anmerkungen
IL	Instruction List	AWL	Anweisungsliste	Vergleichbar mit Assembler ``` 1 U "Eingang1" 2 U "Eingang2" 3 S "Ausgang1" ```
LD	Ladder Diagram	KOP	Kontaktplan	Vergleichbar mit einem Elektro-Schaltplan
FBD	Function Block Diagram	FBS	Funktions-baustein-Sprache	Auch als FUP (Funktionsplan) bekannt; ähnelt Logik-Schaltplänen
SFC	Sequential Function Chart	AS	Ablaufsprache	Eine Art Zustandsdiagramm; auch als S7 GRAPH bekannt; Basiert auf Grafcet nach EN 60848
ST	Structured Text	ST	Strukturierter Text	Angelehnt an die Hochsprache Pascal; auch als SCL (Structured Control Language) bekannt ``` 1 #Zahl1 := 2; 2 #Zahl2 := #Zahl1*3; 3 4 5 IF #Input4 THEN 6 #Zahl2 := 10; 7 END_IF; 8 ```

Die Adressierung erfolgt wie bei den Eingangsklemmen über das Schema
`<Byte>.<Bit>`.

Je nach Hardwareausstattung der SPS bleibt der Wert bestimmter, sogenannter remanenter Merker auch nach dem Ausschalten und Wiedereinschalten erhalten.

%L: *Lokaldaten* verhalten sich ähnlich wie Merker, sind aber nur während eines SPS-Zyklus gültig. Sie müssen im Programm also erst geschrieben und einige Zeilen später, aber im gleichen Zyklus, wieder gelesen werden.

Diese manuelle Verwaltung der Speicherressourcen erscheint für in modernen Hochsprachen geschulte Programmierer oft seltsam, hat aber durchaus ihre Berechtigung: Bei den Ein- und Ausgangsklemmen muss der SPS-Programmierer die Klemmen ansprechen, an denen der Elektriker die Sensorik und Aktorik angeschlossen hat. Eine Verwaltung dieser Ressourcen durch den SPS-Compiler macht keinen Sinn.

2.3.2 Anweisungsliste

Die *Anweisungsliste (AWL)*, englisch *Instruction List (IL)*, ist die älteste SPS-Programmiersprache. Von Syntax und Operationsvorrat her ähnelt sie den Assemblersprachen von Mikroprozessoren. Eine Programmzeile besteht aus drei Spalten:

- In der linken Spalte könnte eine Sprungmarke stehen, falls Schleifen oder Verzweigungen programmiert werden.
  Dieses Thema wird hier nicht weiter behandelt.
- In der mittleren Spalte findet sich die eigentliche Anweisung.
- In der rechten Spalte steht der *Operand,* also der Wert, der mit der Operation verarbeitet werden soll.

Schauen wir uns das an einem Beispiel an. Das AWL-Programm in Abb. 2.6a enthält in Zeile 2 die Anweisung UN mit dem Operanden Dampf.

Netzwerk 1: AWL-Programm Wasserkocher

Netzwerk 1: FUP-Programm Wasserkocher


```
0001      U      "An"
0002      UN     "Dampf"
0003      =      "Heizung"
```

a AWL   b FUP

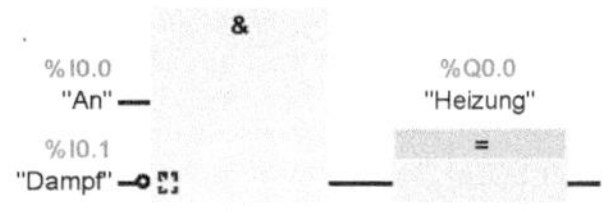

Abb. 2.6 Programme für die Wahrheitstabelle aus Abb. 1.3c in AWL und FUP

Tab. 2.2 Elementare AWL-Anweisungen

U	Führt eine Und-Verknüpfung des adressierten Bits mit dem VKE durch
UN	Negiert das adressierte Bit und führt dann eine Und-Verknüpfung mit dem VKE durch
O	Führt eine Oder-Verknüpfung des adressierten Bits mit dem VKE durch
ON	Negiert das adressierte Bit und führt dann eine Oder-Verknüpfung mit dem VKE durch
=	Schreibt das VKE auf das adressierte Bit
S	Schreibt eine logische 1 in das adressierte Bit, wenn das VKE wahr ist. Ist das VKE nicht wahr, wird das adressierte Bit nicht verändert
R	Schreibt eine logische 0 in das adressierte Bit, wenn das VKE wahr ist. Ist das VKE nicht wahr, wird das adressierte Bit nicht verändert

UN steht dabei für eine negierte Und-Verknüpfung. Diese Verknüpfung benötigt zwei Operanden, es ist mit Dampf aber nur einer angegeben. Wie bei einfachen Assemblersprachen üblich steht der zweite Operand implizit in einem Register, also einem Speicher im Prozessor. Bei einer Siemens-SPS heißt dieses Register *VKE, Verknüpfungsergebnis.*

Der Operand Dampf wird mit diesem VKE entsprechend der Operation UN verknüpft und das Ergebnis der Verknüpfung wieder im VKE abgelegt.

Durch eine lange Aneinanderreihung verschiedener Operationen kann so ein komplexer Ausdruck berechnet werden.

Am Ende der Berechnung, in unserem Listing in Zeile 3, wird das VKE durch die Anweisung = im Operanden Heizung gespeichert.

In Assemblersprachen werden derartige Operationsketten meist so eingeleitet, dass über eine Transportoperation ein Startwert in das Register, das VKE, geschrieben wird. Siemens hat sich, abweichend von der IEC-61131-3, bei der es eine LD-Anweisung gibt, für einen anderen Weg entschieden. Die Rechenoperationen am Beginn einer Kette verhalten sich wie eine Transportoperation. Zeile 1 des Listings lädt also den Wert von An ins VKE.

Eine Kette beginnt entweder in der ersten Zeile des Programms oder nach einem schreibenden Zugriff wie in Zeile 3 des Listings.

Tab. 2.2 gibt einen Überblick über einige elementare AWL-Operationen. Eine erschöpfende Darstellung findet sich in der Online-Hilfe des TIA-Portals oder auf den Siemens Webseiten [2–4].

2.3.3 Funktionsplan

Abb. 2.6b zeigt ein *Funktionsplan (FUP)*-Programm. Diese grafische Sprache entspricht weitgehend einem digitalen Schaltplan und ist somit ohne weitere Erklärungen verständlich.

Das Programm ist in Netzwerke gegliedert, die jeweils von links nach rechts den Informationsfluss von den Ein- zu den Ausgängen darstellen und in einem gemeinsamen Endknoten enden, der im allgemeinen ein Zuweisungsoperator ist, über den ein Ausgang geschrieben wird.

Ein zweiter Ausgang würde dann über ein zweites Netzwerk angesprochen werden.

2.3.4 Verknüpfungssteuerungen

Speicherprogrammierte Verknüpfungssteuerungen werden im Prinzip genauso realisiert wie verbindungsprogrammierte. Wie in Abschn. 2.1.1 dargestellt wird die Wahrheitstabelle in einen booleschen Ausdruck umgewandelt und dieser Ausdruck dann als Programm dargestellt.

Für die Wahrheitstabelle aus Abb. 1.3c ergeben sich die Programme in Abb. 2.6.

Erfahrene Programmierer schreiben den Code oft auch ohne Rückgriff auf die Wahrheitstabelle. Wenn das nicht „gut geht" und der Code nicht die gewünschte Funktion darstellt, erstellen sie nachträglich eine Wahrheitstabelle für die programmierte Funktion und prüfen, ob diese für die Aufgabe passt.

2.3.5 Ablaufsteuerungen

An sich könnten *Ablaufsteuerungen* wie in Abschn. 2.1.2 realisiert werden. Alternativ wäre auch eine Softwarestruktur wie in Abschn. 2.2.2 denkbar. In der Praxis hat sich aber ein etwas anderer Stil entwickelt, der so weit verbreitet ist, dass viele Implementierungen dem hier dargestellten Schema folgen. Dazu wird die Ablaufsteuerung in zwei getrennten Teilen realisiert: Dem Ablauf, also der Abfolge der Schritte, und der Ausgangszuordnung, also der Zusammenhang zwischen den Schritten und den Ausgängen.

2.3.5.1 Der Ablauf

Der *Ablauf,* oft auch als *Schrittkette* bezeichnet, benötigt einen Speicher für den aktuellen Schritt. Dazu wird für jeden Schritt ein Merkerbit, also eine binäre Variable reserviert. Dieses Bit ist gesetzt, hat also den Wert 1, wenn der Schritt aktiv ist. Ist der Schritt nicht aktiv, hat es den Wert 0.

Der Merker für einen Schritt wird gesetzt, wenn die Bedingung für die Aktivierung des jeweiligen Schrittes *und* der vorherige Schritt aktiv sind.

Der Schrittmerker wird gelöscht, wenn der nächste Schritt aktiv wird.

Die Bedingungen für das Setzen bzw. Rücksetzen der einzelnen Schrittmerker werden in der RS-Tabelle dokumentiert. Diese Tabelle gibt für jeden Schrittmerker an, wann er rückgesetzt bzw. gelöscht wird und wann er gesetzt wird.

Tab. 2.3 zeigt einen Ausschnitt einer RS-Tabelle.

Im Prinzip ergibt sich damit der AWL-Code in Abb. 2.7.

Tab. 2.3 Die RS-Tabelle

Schritt	Setzen	Rücksetzen
SchrittmerkerVorher	...	Schrittmerker
Schrittmerker	Bedingung 1 · Bedingung 2 · SchrittmerkerVorher	SchrittmerkerNachher
SchrittmerkerNachher	... · Schrittmerker	...

Abb. 2.7 AWL-Code für einen
Schritt in einer Schrittkette

Netzwerk 1: Setzen

```
0001     U     " Bedingung1"
0002     U     " Bedingung2 "
0003     U     " SchrittmerkerVorher "
0004     S     " Schrittmerker "
```

Netzwerk 2: Rücksetzen

```
0001     U     " SchrittmerkerNachher "
0002     R     " Schrittmerker "
```

2.3.5.2 Die Ausgänge

Bei der Ablaufsteuerung hängen die Ausgangswerte davon ab, welcher Schritt aktiv ist. Dieser Zusammenhang wird in der Ausgangstabelle dokumentiert. Tab. 2.4 zeigt die prinzipielle Struktur: Für jeden Schritt gibt es eine Zeile, für jeden Ausgang eine Spalte. In den Feldern steht der im jeweiligen Schritt gewünschte Ausgangswert.

Ein einzelner Ausgang ist also bei einem oder mehreren Schritten zu setzen. Damit ergibt sich der Ausgang als Oder-Verknüpfung all der Schrittmerker, die zu den Schritten gehören, in denen der Ausgang aktiv sein soll.

Diese Logik wird wie in Abb. 2.8 gezeigt, meist in FUP abgebildet.

Tab. 2.4 Die Ausgangs-Tabelle

Schritt	Ausgang 1	Ausgang 2	...
Schrittmerker 1	1	...	
Schrittmerker 2	1	...	
Schrittmerker 3	0	...	...
	⋮		

Abb. 2.8 FUP-Code für einen Ausgang

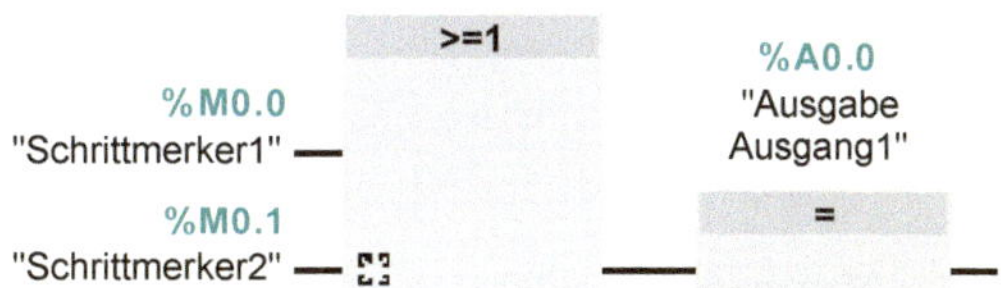

2.3.5.3 Beispiel Scheibenwischer

Nehmen wir das Zustandsdiagramm aus Abb. 1.8. Hier gibt es drei Zustände, wir benötigen also die drei Merker in Tab. 2.5.

Diese Merker sollen nun entsprechend den Pfeilen im Zustandsdiagramm gesetzt werden. Die Pfeilspitze gibt dabei an, welcher Merker gesetzt werden soll. Der Anfang des Pfeils gibt an, welcher Schritt vorher aktiv sein muss. Für den Schritt Wischen rechts bedeutet das: Setzen, wenn der Ausdruck $S_L \cdot$ Wischen links wahr wird.

Wird ein neuer Schritt aktiv, ist der vorhergehende Schritt zu löschen. Das Setzen des Schrittmerkers am Ende des Pfeils löscht also den Schrittmerker am Anfang des Pfeils. Für den Schrittmerker Wischen rechts ist das etwas kompliziert, denn dieser Merker muss gelöscht werden, wenn einer der beiden auf ihn folgenden Schritt aktiv wird, also dann, wenn der Ausdruck Wischen links + AUS wahr wird.

Tab. 2.6 zeigt die RS-Tabelle für den Scheibenwischer. Tab. 2.7 zeigt die Ausgangstabelle.

Abb. 2.9 zeigt das komplette AWL-Programm für die Ablaufsteuerung, Abb. 2.10 das komplette FUP-Programm.

Tab. 2.5 Die Schrittmerker für die Ablaufsteuerung zu Abb. 1.8

Adresse	Symbol
%M20.1	Wischen links
%M20.2	Wischen rechts
%M20.0	AUS

Tab. 2.6 Die RS-Tabelle für die Ablaufsteuerung zu Abb. 1.8

Schritt	Setzen	Rücksetzen
Wischen links	$(\text{AUS} \cdot \text{AN}) + (\text{Wischen rechts} \cdot S_R)$	Wischen rechts
Wischen rechts	$S_L \cdot$ Wischen links	Wischen links + AUS
Aus	$\overline{\text{AN}} \cdot S_R \cdot$ Wischen rechts	Wischen links

Tab. 2.7 Die Ausgangs-Tabelle für die Ablaufsteuerung zu Abb. 1.8

Schritt	Y_L	Y_R
Wischen links	1	0
Wischen rechts	0	1
Aus	0	0

Netzwerk 1: Zustand Wischen links

```
0001      A      " Wischen rechts "
0002      R      " Wischen links "
0003      O(
0004      A      " AN "
0005      A      " AUS "
0006      )
0007      O(
0008      A      " SR "
0009      A      " AN "
0010      A      " Wischen rechts "
0011      )
0012      S      " Wischen links "
```

Netzwerk 2: Zustand Wischen rechts

```
0001      O      " Wischen links "
0002      O      " AUS "
0003      R      " Wischen rechts "
0004      A      " Wischen links "
0005      A      " SL "
0006      S      " Wischen rechts "
```

Netzwerk 3: Zustand AUS

```
0001      O(
0002      AN     " AN "
0003      A      " SR "
0004      A      " Wischen rechts "
0005      )
0006      O      " First Scan "
0007      S      " AUS "
0008      A      " AN "
0009      R      " AUS "
```

Netzwerk 4: Ausgang Wischen links

```
0001      A      " Wischen links "
0002      =      " YL "
```

Netzwerk 5: Ausgang Wischen rechts

```
0001      A      " Wischen rechts "
0002      =      " YR "
```

Abb. 2.9 Die Schrittkette zur Ablaufsteuerung aus Abb. 1.8 in AWL

Netzwerk 1: Zustand Wischen links

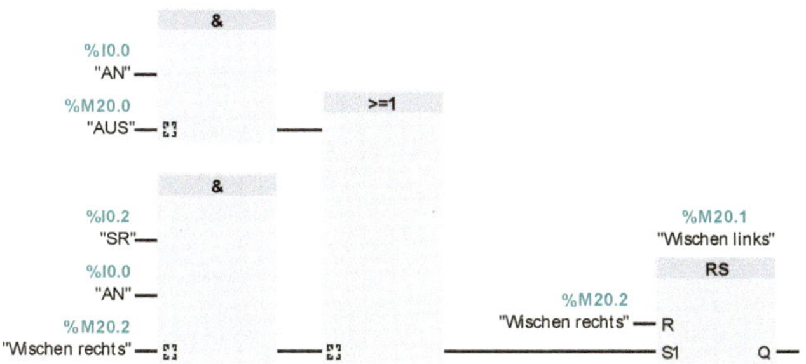

Netzwerk 2: Zustand Wischen rechts

Netzwerk 3: Zustand AUS

Netzwerk 4: Ausgang Wischen links

Netzwerk 5: Ausgang Wischen rechts

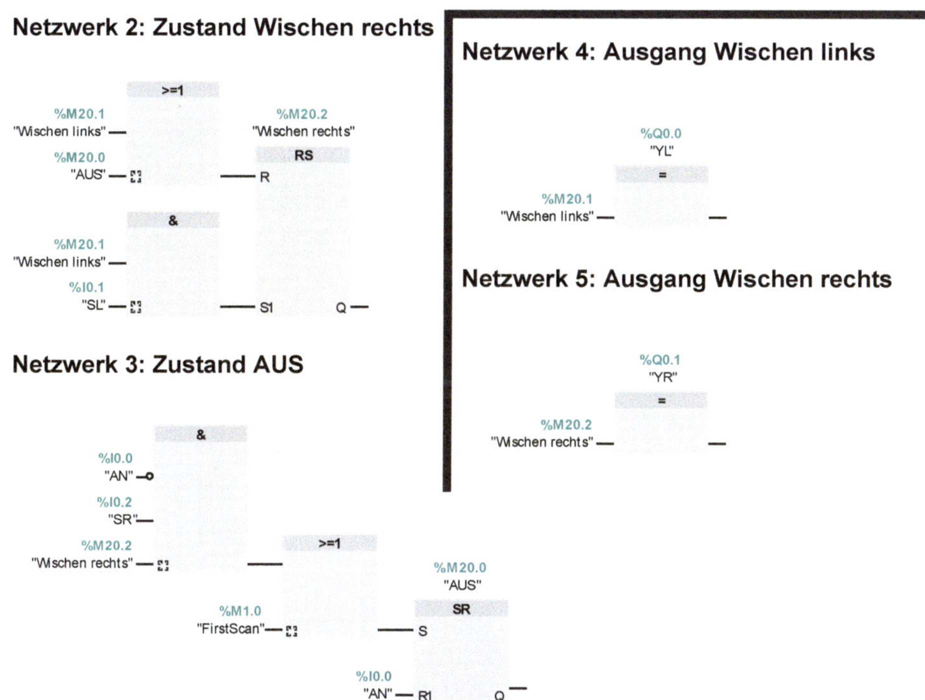

Abb. 2.10 Die Schrittkette zur Ablaufsteuerung aus Abb. 1.8 in FUP

2.3.5.4 Sonderfälle

Komplexere Schrittketten enthalten oft Verzweigungen, also Zustände mit mehreren, verschiedenen Folgezuständen. Abb. 2.11a zeigt ein Zustandsdiagramm mit einem Beispiel. Es sind zwei Fälle dargestellt:

Verzweigung Im rechten Teil der Abbildung folgt auf Schritt 3 entweder Schritt 4 oder Schritt 5, je nachdem welches der beiden Signale E4 oder E5 zuerst aktiv wird.

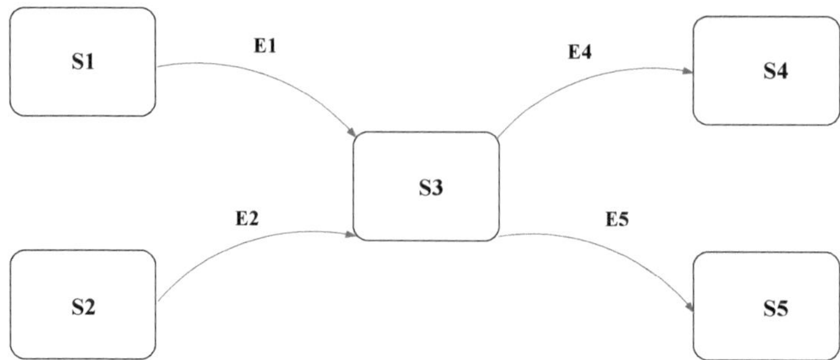

a Zustandsdiagramm

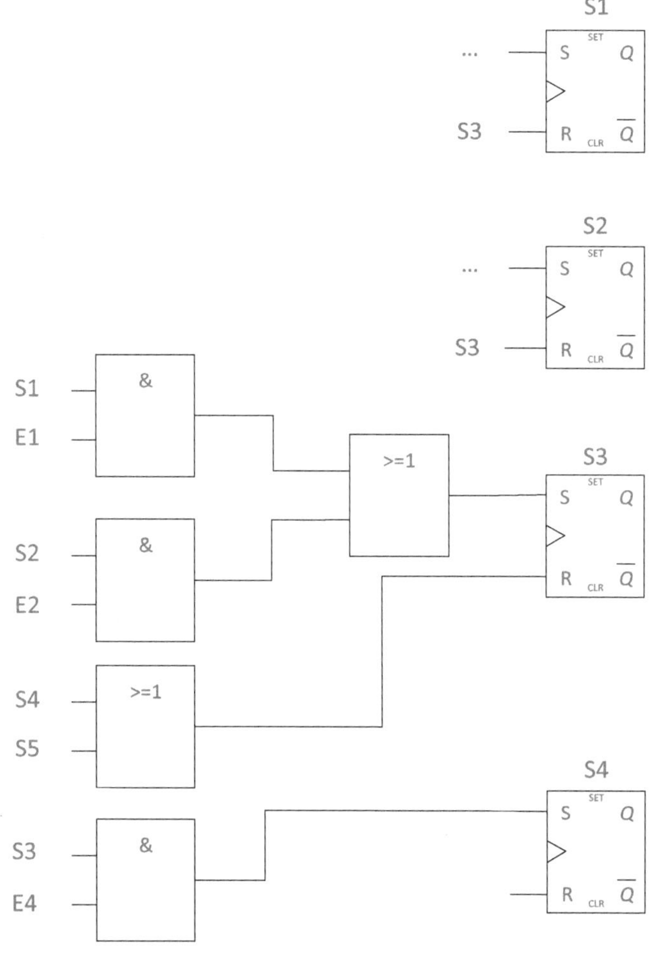

b Schrittkette in FUP

Abb. 2.11 Schrittkette mit Verzweigungen

Zusammenführung Im linken Teil der Abbildung ist die umgekehrte Situation dargestellt. Auf die zwei verschiedenen Schritte 1 und 2 folgt jeweils Schritt 3, es werden also zwei verschiedene Abläufe zusammengeführt.

Abb. 2.11b zeigt den zugehörigen FUP-Code.

Verzweigung Das Setzen der Schrittmerker für Schritt 4 und Schritt 5 erfolgt dabei genau wie im Standardfall durch eine UND-Verknüpfung des Schrittmerkers für Schritt 3 mit dem entsprechenden Signal. Das Rücksetzen des Schrittmerkers für Schritt 3 unterscheidet sich dagegen vom Standardfall. Da es zwei mögliche Nachfolgeschritte gibt, wird der Merker durch eine ODER-Verknüpfung der Schrittmerker für Schritt 4 und Schritt 5 gelöscht.

Bei diesem Code ist es streng genommen sogar möglich, dass beide Nachfolgeschritte, also Schritt 5 und 6 gleichzeitig aktiv werden. Diese würden dann parallel ablaufen, es wäre also mehr als ein Schrittmerker gleichzeitig aktiv. Ist das nicht gewollt, müssen die beiden Zweige gegeneinander verriegelt werden.

Zusammenführung Schritt 3 kann sowohl von Schritt 1 als auch von Schritt 2 aus gesetzt werden. Damit ergeben sich die beiden UND-Verknüpfungen aus dem Standardfall: `Schritt1 · E1` und `Schritt2 · E2`. Jede dieser beiden Bedingungen kann Schritt 3 setzen. Dazu werden sie ODER-verknüpft. Das Löschen der Schrittmerker für Schritt 1 und 2 erfolgt wie im Standardfall durch den Schrittmerker von Schritt 3.

Sollten bei der Verzweigung mehrere Schritte gleichzeitig aktiv geworden sein, können diese wieder in einen einzigen Schritt vereinigt werden, indem diese ODER- durch eine UND-Verknüpfung ersetzt wird. Damit würde Schritt 3 nur aktiv werden, wenn Schritt 1 und Schritt 2 aktiv sind.

Übungsaufgaben
(Lösungsvorschläge in Abschn. A.2).

Portalsteuerung
Das in Abb. 2.12 dargestellte Portal besteht aus zwei einfachwirkenden Pneumatikzylindern. Der zweite Zylinder (A2) ist so am Kolben des ersten Zylinders befestigt, dass er von diesem bewegt wird. Am Kolben des zweiten Zylinders ist das Werkzeug befestigt.

Das Portal ist über folgende Ein- und Ausgangssignale mit der Steuerung verbunden:

- Eingänge:
    - 1S2 1, wenn A1 vorne (ausgefahren); sonst 0
    - 1S1 1, wenn A1 hinten (eingefahren); sonst 0
    - 2S2 1, wenn A2 vorne (ausgefahren); sonst 0
    - 2S1 1, wenn A2 hinten (eingefahren); sonst 0
- Ausgänge:
    - A1 0 – Zylinder 1 wird eingefahren; 1 – Zylinder 1 wird ausgefahren
    - A2 0 – Zylinder 2 wird eingefahren; 1 – Zylinder 2 wird ausgefahren

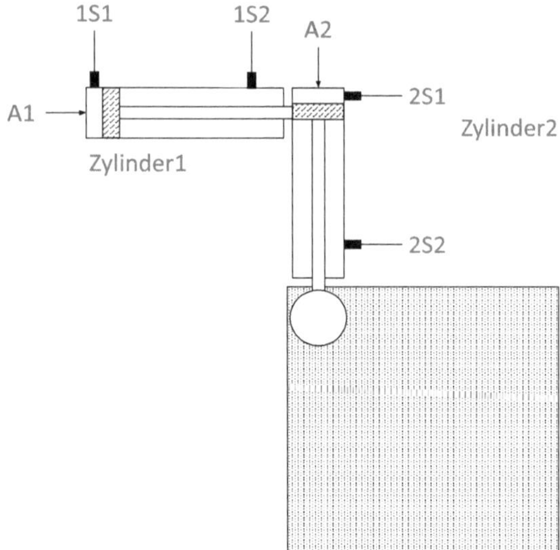

Abb. 2.12 Portal und Arbeitsbereich

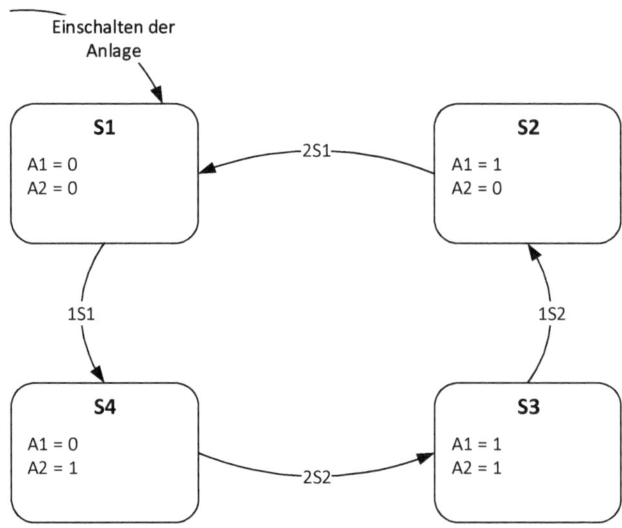

Abb. 2.13 Zustandsdiagramm für das Portal

2.1 Für das Steuerungsprogramm wurde das Zustandsdiagramm in Abb. 2.13 spezifiziert. Skizzieren Sie im gepunkteten Teil der Skizze auf der Angabe die Bewegung und die Endposition des Werkzeugs in den jeweiligen Zuständen.

2.2 Geben sie ein Steuerungsprogramm in FUP oder AWL für das Zustandsdiagramm an!

Gehen Sie dabei davon aus, dass die Eingangswerte jeweils in den Variablen 1S2, 1S1, 2S1 und 2S1 vorliegen und die Ausgänge durch Schreiben auf die Variablen A1 und A2 angesprochen werden.

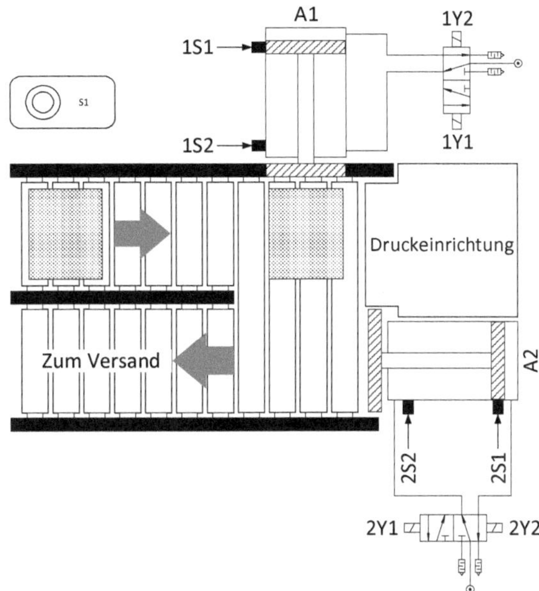

Abb. 2.14 Aufbau der Verpackungsrollenbahn

Verpackungsrollenbahn

Am Ende einer Verpackungsrollenbahn erhalten die Verpackungen einen Aufdruck. Abb. 2.14 zeigt schematisch den Aufbau der Anlage.

Die Pakete rollen über eine Rollenrutsche vor die Druckeinrichtung. Nach dem Druckvorgang, der nicht Gegenstand der Aufgabe ist, schiebt nach Betätigung des Tasters S1 der Zylinder A1 das Paket auf die entgegengesetzte Rollenbahn. Zylinder A2 schiebt dann das Paket auf die Rollenrutsche zum Versand.

Das Portal ist über folgende Ein- und Ausgangssignale mit der Steuerung verbunden:

- Eingänge:
  - S1 1, wenn Taster S1 gedrückt; sonst 0
  - 1S1 1, wenn Zylinder A1 hinten (eingefahren); sonst
  - 1S2 1, wenn Zylinder A1 vorne (ausgefahren); sonst 0
  - 2S1 1, wenn Zylinder A2 hinten (eingefahren); sonst 0
  - 2S2 1, wenn Zylinder A2 vorne (ausgefahren); sonst 0
- Ausgänge:
  - 1Y1 0 – keine Änderung; 1 – Zylinder A1 wird ausgefahren
  - 1Y2 0 – keine Änderung; 1 – Zylinder A1 wird eingefahren
  - 2Y1 0 – keine Änderung; 1 – Zylinder A2 wird ausgefahren
  - 2Y2 0 – keine Änderung; 1 – Zylinder A2 wird eingefahren

Netzwerk 1: Schritt 1

0001	AN	" S1 "
0002	A	" 2S1 "
0003	A	" 1S2 "
0004	A	" Schritt 4 "
0005	S	" Schritt 1 "
0006	A	" Schritt 2 "
0007	R	" Schritt 1 "

Netzwerk 3: Schritt 3

0001	A	" 2S1 "
0002	A	" 1S2 "
0003	A	" Schritt 2 "
0004	S	" Schritt 3 "
0005	A	" Schritt 4 "
0006	R	" Schritt 3 "

Netzwerk 2: Schritt 2

0001	A	" 2S1 "
0002	A	" S1 "
0003	A	" 1S1 "
0004	S	" Schritt 2 "
0005	A	" Schritt 3 "
0006	R	" Schritt 2 "

Netzwerk 4: Schritt 4

0001	A	" 2S2 "
0002	A	" 1S2 "
0003	A	" Schritt 3 "
0004	S	" Schritt 4 "
0005	A	" Schritt 1 "
0006	R	" Schritt 4 "

Abb. 2.15 Verpackungsrollenbahn Programmauszug 1

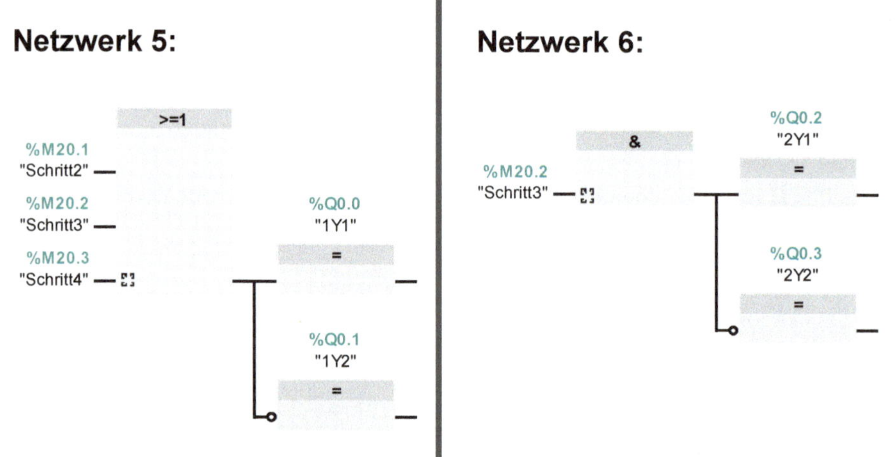

Abb. 2.16 Verpackungsrollenbahn Programmauszug 2

Abb. 2.15 zeigt die in AWL implementierte Schrittkette, die die Anlage steuert. Abb. 2.16 zeigt den in FUP implementierten Code, der die Schritte auf die Ausgänge abbildet.

Die Ein- und Ausgänge sind dabei den folgenden Symbolen zugeordnet: S1, 1S1, 1S2, 2S1, 2S2 und 1Y1, 1Y2, 2Y1, 2Y2.

2.3 Geben Sie zunächst die RS-Tabelle der Schrittkette an.

2.4 Geben Sie ein Zustandsdiagramm für die Ablaufsteuerung an!

Literatur

1. Hahn, R.: SIMATIC Erfolg mit System. Publicis MCD Verlag, Erlangen (2001)
2. Siemens AG (2017) Anweisungsliste (AWL) für S7-300/400 – Referenzhandbuch (Dokument A5E41654499-AA). https://support.industry.siemens.com/cs/ww/de/view/109751814
3. Siemens AG (2006) Funktionsplan (FUP) für S7-300/400 – Referenzhandbuch (Dokument A5E00706953-01). https://support.industry.siemens.com/cs/document/18652644/funktionsplan-(fup)-f%c3%bcr-s7-300-400?dti=0&lc=de-WW
4. Siemens AG (2017) Kontaktplan (KOP) für S7-300/400 – Referenzhandbuch (Dokument A5E41654696-AA). https://support.industry.siemens.com/cs/ww/de/view/109751823

Regelungen

Eine *Regelung* stellt streng genommen einen Sonderfall einer Steuerung dar: Es gibt nur ein Eingangssignal und ein Ausgangssignal. Beide Signale sind analoge Signale. Die Regelung besteht aus 4 klar definierten Komponenten, die im *Wirkzusammenhang* entsprechend Abb. 3.1 verschaltet sind. Für derartige *Regelkreise* existiert ein geschlossenes, über mehr als einhundert Jahre entwickeltes und verfeinertes Theoriegebäude.

3.1 Der Regelkreis

Der *Standardregelkreis* entsprechend Abb. 3.1 besteht aus folgenden Elementen:

Strecke Ziel jeder Regelung ist es, eine physikalische Größe in der Anlage so zu beeinflussen, dass sie einen bestimmten Wert einnimmt. Die gesamte Anlage wird dabei als Strecke abstrahiert, die als Reaktion auf ein Eingangssignal mit einer Änderung der zu beeinflussenden Größe reagiert.

Das Eingangssignal der Strecke heißt ***Stellgröße*** y, das Ausgangssignal ***Regelgröße*** x. Beide Signale repräsentieren physikalische Größen. Für das Beispiel aus Abschn. 1.3.8 wäre das beispielsweise die Benzinmenge für y und die Fahrzeuggeschwindigkeit für x. Weitere, unerwünschte und/oder technisch nicht beeinflussbare Einflüsse auf die Regelgröße x werden als eine oder mehrere **Störgrößen z** modelliert. Beim Tempomaten könnte das Gegenwind oder eine Steigung sein.

Regler Der Regler stellt das zentrale Element der Regelung dar. Er berechnet aus der Abweichung zwischen der vorgegebenen Größe und dem gemessenen Ausgang der Strecke die notwendige Stellgröße.

© Springer Fachmedien Wiesbaden GmbH, ein Teil von Springer Nature 2019
V. Plenk, *Grundlagen der Automatisierungstechnik kompakt,*
https://doi.org/10.1007/978-3-658-24469-9_3

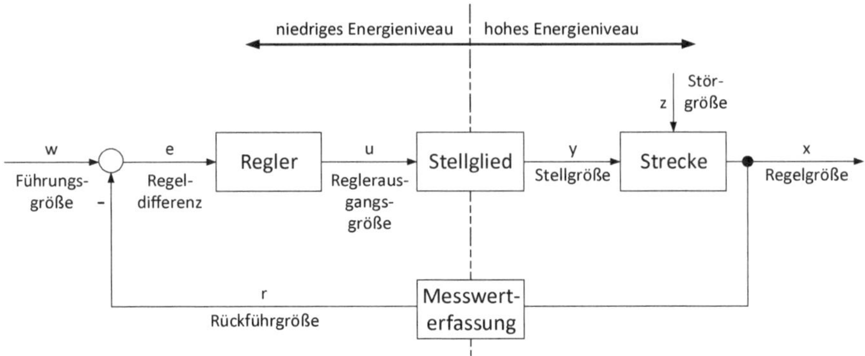

Abb. 3.1 Strukturbild eines Regelkreises

Das Eingangssignal des Reglers heißt *Regeldifferenz* **e**, das Ausgangssignal *Reglerausgangsgröße* **u**.

Stellglied Das Stellglied setzt die vom Regler berechnete reine Signalgröße u in die physikalische Stellgröße y um. Für den Tempomaten aus Abschn. 1.3.8 könnte das beispielsweise eine Drosselklappe sein, die entsprechend $u = \varphi_{Gas}$ mehr oder weniger Benzin in den Motor lässt.

Messwerterfassung Die aktuelle, physikalische Größe x am Ausgang der Strecke wird über die Messwerterfassung gemessen und in die *Rückführgröße* **r**, eine Signalgröße, umgesetzt.

Bilden der Regeldifferenz Der Summationsknoten links in Abb. 3.1 berechnet aus der *Führungsgröße* **w** und der Rückführgröße r die *Regeldifferenz $e = w - r$.*

Diese *Rückkopplung* oder *Gegenkopplung* ist die Kernidee eines *Regelkreises*.

3.2   Beurteilungskriterien für den Regelkreis

Eine Regelung soll die Regelgröße x so beeinflussen, dass sie der Führungsgröße w exakt folgt. Dieser Vorgang läuft kontinuierlich und lässt sich durch einfache Maßzahlen schlecht beschreiben. In der Regelungstechnik unterscheidet man deswegen zunächst zwei zeitlich aufeinanderfolgende Zustände:

- den *dynamischen Zustand,* bei dem die Regelgröße nach einer Änderung von Führungs- oder Störgröße allmählich wieder den Wert der Führungsgröße annimmt
- den *eingeschwungenen Zustand,* in dem sich weder Führungs-, noch Regel-, noch Störgröße ändern

Abb. 3.2a zeigt, dass die Abweichung der Regelgröße vom Endwert x_∞ mit der Zeit immer kleiner wird. Irgendwann ist diese Abweichung so klein, dass vom eingeschwungenen Zustand gesprochen wird. Der Zeitpunkt für den Übergang vom dynamischen in den eingeschwungenen Zustand ist dabei nicht klar definiert.

Der *dynamische Zustand* wird anhand eines Standardtests beschrieben. Dazu wird der Regelkreis mit einer sprungförmigen Änderung der Führungs- oder der Störgrößebeaufschlagt (siehe auch Abb. 3.3a). Damit ergibt sich eine *Sprungantwort* wie in Abb. 3.2.

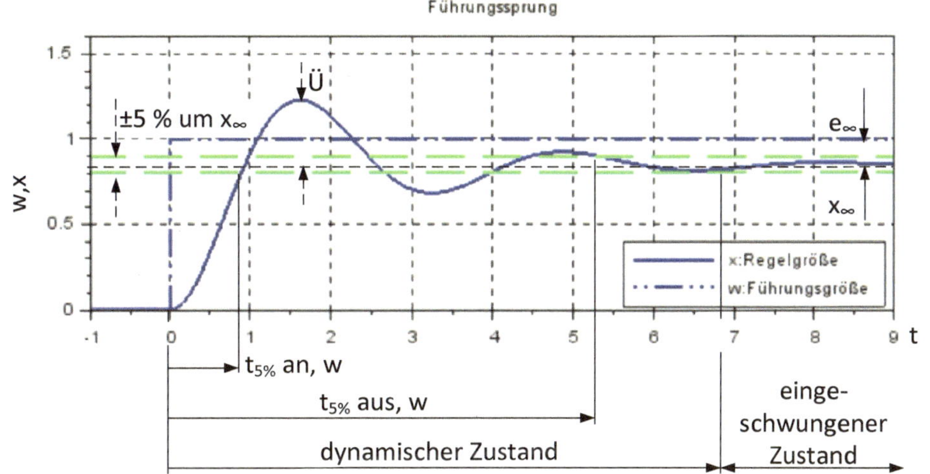

a Führungssprung

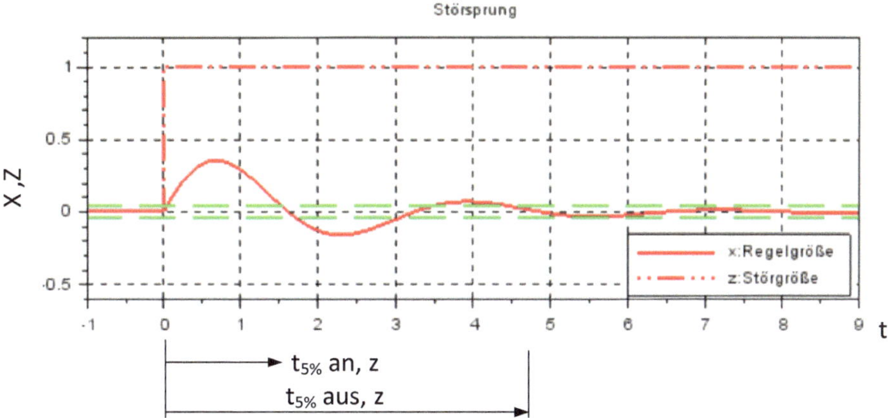

b Störsprung

Abb. 3.2 Dynamisches und statisches Verhalten eines Regelkreises

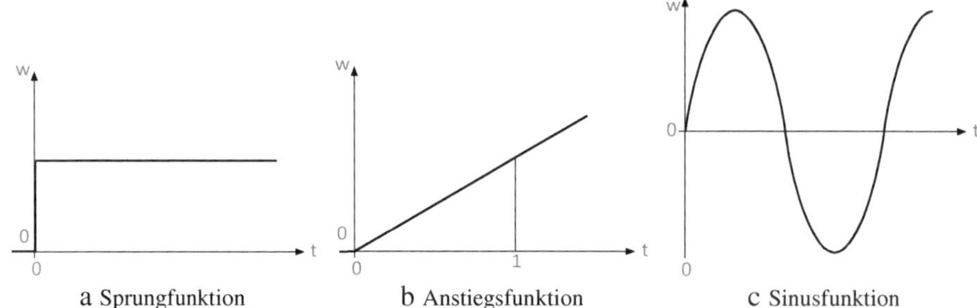

a Sprungfunktion   b Anstiegsfunktion   c Sinusfunktion

Abb. 3.3 Übliche Testsignale zur Beurteilung des dynamischen Verhaltens eines Regelkreises

Diese zeigt den Übergang von einem eingeschwungenen Zustand, hier bei $w = 0, x = 0$ bzw. $z = 0, x = 0$, in einen neuen eingeschwungenen Zustand.

Die *Leistung des Regelkreises* wird dabei daran gemessen, wie schnell er auf die Änderung reagiert. Abb. 3.2 zeigt typische Zeitverläufe und die folgenden drei Parameter:

Anregelzeit Die ***Anregelzeit*** $\mathbf{t_{5\%_{an,w}}}$ bzw. $\mathbf{t_{5\%_{an,z}}}$ gibt an, wie lange der Regler benötigt, um die Regelgröße x erstmalig in ein Toleranzband von $\pm 5\,\%$ um den neuen stationären Punkt x_∞ zu bringen.

Ausregelzeit Die ***Ausregelzeit*** $\mathbf{t_{5\%_{aus,w}}}$ bzw. $\mathbf{t_{5\%_{aus,z}}}$ gibt an, wie lange der Regler benötigt, um die Regelgröße x endgültig in ein Toleranzband von $\pm 5\,\%$ um den neuen stationären Punkt von x zu bringen.

Überschwingbreite Die ***Überschwingbreite*** $\ddot{\mathbf{u}}$ gibt an, um wie viel die Regelgröße nach einem Führungssprung bezogen auf die Sprunghöhe der Führungsgröße überschwingt.

Für den *eingeschwungenen Zustand,* der nach dem Abklingen der dynamischen Vorgänge für $t \to \infty$ besteht, lässt sich die ***bleibende Regelabweichung*** angeben. Hier wird unterschieden zwischen $\mathbf{e_{\infty,w}}$ und $\mathbf{e_{\infty,z}}$. Abb. 3.2 zeigt nach Abklingen der Schwingung eine bleibende Regelabweichung $e_{\infty,w} \approx 15\,\%$. Störungen werden dagegen ausgeregelt. Es gilt $e_{\infty,z} = 0$.

In den meisten Fällen wird eine *stationäre Genauigkeit* von $e_{\infty,w} = 0$ und $e_{\infty,z} = 0$ gefordert sein.

Bei den dynamischen Parametern ist davon auszugehen, dass die Forderungen lauten $t_{5\%_{an,w}} \to 0$, $t_{5\%_{aus,w}} \to 0, \ldots$ Allerdings führen schnelle Reaktionen im allgemeinen zu Überschwingungen, sodass es hier zu einem Zielkonflikt kommt.

In speziellen Fällen werden statt dem Führungssprung andere Testsignale angewendet. Abb. 3.3 zeigt weitere übliche Testsignale.

Neben den oben dargestellten Kriterien, die die Sprungantwort anhand einzelner Punkte charakterisieren, sind international auch Kriterien üblich, die den Übergangsvorgang als Integral beschreiben. Integriert wird dabei vom Zeitpunkt der Anregung $t = 0$ bis zum Ende des Beobachtungszeitraum $t \to \infty$ bzw. praktisch $t = $ Endzeit der Messung:

ISE Das ***Integral of squared Error*** bewertet die quadratische Regelabweichung.

$$ISE = \int\limits_{0}^{\infty} (w(t) - x(t))^2 \cdot \mathrm{d}t = \int_{0}^{\infty} e^2(t) \cdot \mathrm{d}t \qquad (3.1)$$

Durch das Quadrieren werden positive und negative Regelfehler identisch bewertet. Größere Fehler wirken stärker als kleine Fehler.

ITAE Das ***Integral of Time multiplied by Absolute Error*** bewertet die Dauer des *Ausregelvorgangs* ebenso wie die dabei auftretenden Abweichungen.

$$ITAE = \int\limits_{0}^{\infty} t \cdot |e(t)| \cdot \mathrm{d}t \qquad (3.2)$$

Diese Kriterien sind nicht nur für Sprungantworten, sondern für beliebige Testsignale anwendbar. So kann beispielsweise eine Regelung im Prozess bewertet werden. Allerdings sind die für beliebige Testsignale bestimmten Werte nicht mit anderen Werten vergleichbar.

3.3 Vorgehen zum Entwurf des Regelkreises

Die Anforderungen an einen Regelkreis sind meist einfach zu formulieren: Eine hohe *stationäre Genauigkeit* gepaart mit gutem dynamischem Verhalten.

Die Struktur des Regelkreises ist immer die aus Abb. 3.1.

Auf den ersten Blick bleibt damit „nur" Auswahl und Parametrierung des Reglers als Aufgabe übrig. Die Theorie der Regelungstechnik kennt dazu viele Verfahren. Alle diese Verfahren gehen von einem Modell des zu regelnden Systems aus. Dieses Modell muss so bestimmt werden, dass sein (simuliertes) Verhalten möglichst gut dem gemessenen Verhalten des zu regelnden Systems entspricht.

Neben der Modellbildung bleibt für den Ingenieur nun die Frage der *Dimensionierung* des Stellglieds. Betrachten wir dazu noch mal den Tempomaten aus Abschn. 1.3.8: Die Regelvorschrift berechnet die Gaspedalstellung so, dass sich die gewünschte Geschwindigkeit einstellt.

In der Theorie ist damit alles klar.

In der Praxis sind die möglichen Werte für diese Stellung begrenzt. Die untere Grenze stellt das nicht betätigte Gaspedal dar. Negative Werte sind nicht möglich, man kann über das Gaspedal nicht bremsen. Die obere Grenze ist das bis zum Bodenblech durchgedrückte Pedal. In der zweiten Stellung gibt der Motor die maximale Leistung ab. Diese begrenzt die maximal erreichbare Geschwindigkeit und auch die mögliche Dynamik des Regelkreises.

Das Stellglied muss also statisch so dimensioniert werden, dass alle gewünschten Werte der Führungsgröße erreicht werden können.

Die statische Dimensionierung nimmt keine Rücksicht auf die Zeit, die bis zum Erreichen des jeweiligen Sollwertes nötig ist. Im Stadtverkehr wird kein modernes Auto die gesamte Motorleistung benötigen, um konstant $50\frac{km}{h}$ zu fahren. Der Fahrer gibt meist recht viel Gas, um beim Umschalten der Ampel aus dem Stillstand auf die gewünschte Geschwindigkeit zu beschleunigen, und geht dann zurück auf die für die konstante Geschwindigkeit notwendige Gaspedalstellung. Durch diese im statischen Fall nicht ausgenutzte Leistungsreserve können dynamische Anforderungen erfüllt werden.

Damit ergibt sich folgendes Vorgehen:

1. Die Strecke wird entsprechend einem der Verfahren aus Abschn. 3.4 modelliert.
2. Das Stellglied wird entsprechend einem der Verfahren aus Abschn. 3.5 dimensioniert.
3. Der Regler wird ausgewählt und entsprechend einem der Verfahren aus Abschn. 3.6 parametriert.

3.4 Modellierung/Übertragungsglieder/Signalflussplan

Eine regelungstechnische Aufgabe muss auf die Darstellung entsprechend Abb. 3.1 abgebildet werden, damit die bekannten und bewährten Methoden für Entwurf und Analyse anwendbar sind.

Betrachten wir dazu ein Beispiel: Abb. 3.4a zeigt einen Aufbau, bei dem ein Behälter über eine Pumpe befüllt und über ein teilweise geöffnetes Abflussventil geleert wird. Im Behälter stellt sich je nach Pumpenleistung und Stellung des Abflussventils eine bestimmte Füllhöhe ein.

Die Füllhöhe des Tanks soll nun geregelt werden. Dazu muss der Aufbau zunächst mit Sensoren und Aktoren ausgestattet werden, um eine informationsverarbeitende Komponente, den Regler, anzubinden. Abb. 3.4b zeigt das entsprechend erweiterte System: Die Fördermenge der Pumpe kann über das Signal u_P beeinflusst werden. Die aktuelle Füllhöhe h wird über einen Messaufnehmer am Tank bestimmt. Diese beiden Signale stellen den Zusammenhang zwischen der Physik und der Informationsverarbeitung her.

Damit kann das System auf die Beziehung Eingang-Ausgang reduziert und vereinfacht wie in Abb. 3.4c dargestellt werden. Dadurch verschwindet die Komplexität des Aufbaus. Die Stellung des Abflussventils wird in unserem Modell nicht gemessen und nicht beeinflusst. Hier handelt es sich also um eine *Störgröße z*, die „von der Seite her" auf unser Modell wirkt.

Ein kleiner Rest der Abstraktion zeigt sich in den Einheiten: Der Ausgang der Strecke beschreibt eine Füllhöhe und ließe sich damit schreiben als $h = 0{,}3$ m. Der Sensor liefert allerdings eine der Füllhöhe proportionale Spannung, sodass es korrekter wäre, $h = 4{,}3$ V zu schreiben. Bei der Pumpe ist es genauso: Angesteuert wird die Pumpe über eine Spannung, also $u_P = 5{,}2$ V. Die Wirkung der Pumpe auf die Strecke besteht aber in einer Fördermenge und ließe sich besser beschreiben als $u_P = 1{,}2\frac{1}{sec}$.

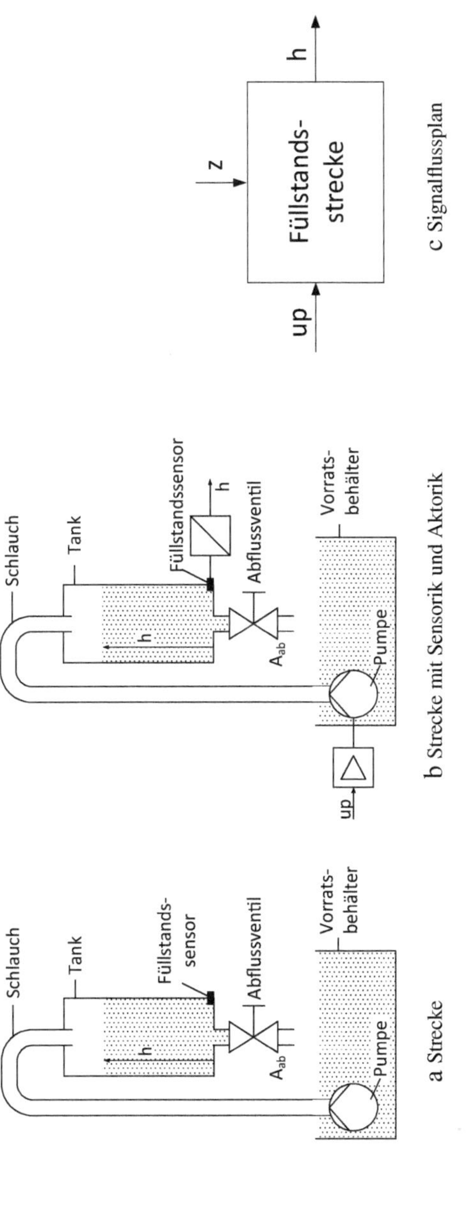

Abb. 3.4 Beispiel Füllstandsstrecke

Bei komplexeren Aufbauten können mehrere derart auf das Übertragungsverhalten, also auf die Beziehung Eingang-Ausgang, abstrahierte Zusammenhänge im Sinne eines Signalflussplans dargestellt werden. Signalflusspläne (nach DIN Wirkungspläne) helfen, komplexe Systeme besser zu verstehen. Als Spezialform des Blockschaltbilds ermöglichen sie es, quantitative Zusammenhänge in einem System zu erfassen. Die Pfeile geben dabei die Wirkungsrichtung an.

3.4.1 Mathematisch/physikalische Modellierung

Das Übertragungsverhalten eines einzelnen Elementes des Signalflussplans kann aus einem physikalischen Modell bestimmt werden.

Probieren wir das mal für die Strecke aus Abb. 3.4.

Die wesentlichen Größen und Parameter des Systems sind in Tab. 3.1 zusammengestellt.

Die physikalischen Zusammenhänge sind in den folgenden Gleichungen zusammengefasst:

- der Volumenstrom Q_e durch den Zufluss ist proportional zur Spannung an der Pumpe u_P

$$Q_e(t) = k \cdot u_P(t) \tag{3.3}$$

Dabei stellt k eine Proportionalitätskonstante zur Umrechnung der Pumpenspannung in den Volumenstrom dar. Derartige Konstanten werden in der Praxis meist durch eine Messung bestimmt und nicht durch eine physikalische Modellierung.

- der Volumenstrom Q_a durch den Abfluss ist proportional zum Abflussquerschnitt A_{ab} und zur Füllhöhe h

$$Q_a(t) = A_{ab} \cdot \sqrt{2 \cdot g \cdot h(t)} \tag{3.4}$$

Tab. 3.1 Größen/Parameter bei der Füllstandsregelung

Größe	Einheit	Beschreibung
h	m	Füllstand
u_P	V	Spannung an der Pumpe
Q_e	$\frac{m^3}{s}$	Zulaufvolumenstrom
Q_a	$\frac{m^3}{s}$	Abflussvolumenstrom
V	m^3	Füllvolumen des Behälters
Parameter	Wert	Beschreibung
A	$1,0\,m^2$	Behältergrundfläche
k	$0,2\,\frac{m^3}{s \cdot V}$	Proportionalitätskonstante
A_{ab}	$0,1\,m^2$	Abflussquerschnitt
g	$9,81\,\frac{m}{s^2}$	Erdbeschleunigung

- die zeitliche Änderung des Volumens im Behälter ist proportional zur Differenz zwischen dem zufließenden und dem abfließenden Volumenstrom

$$\dot{V}(t) = A \cdot \dot{h}(t) = Q_e(t) - Q_a(t) \tag{3.5}$$

Gl. 3.5 zeigt, dass das Volumen und damit die Füllhöhe nicht unmittelbar aus den momentanen Werten Q_e und Q_a errechnet werden kann, sondern von deren Verlauf in der Vergangenheit abhängt – eigentlich logisch: „es ist halt soviel Wasser drinnen wie bisher zugelaufen ist". Der momentane Wert der Größe hängt also von der Vergangenheit des Systems ab. Dieses Verhalten wird durch eine Differentialgleichung beschrieben.

Durch geschicktes Umformen ergibt sich die folgende Differentialgleichung für die Strecke:

$$A \cdot \dot{h}(t) = k \cdot u_P(t) - A_{ab} \cdot \sqrt{2 \cdot g \cdot h(t)} \tag{3.6}$$

oder in der für numerische Simulation üblichen Schreibweise

$$\dot{h}(t) = \frac{k}{A} \cdot u_P(t) - \frac{A_{ab} \cdot \sqrt{2 \cdot g \cdot h(t)}}{A} \tag{3.7}$$

Es handelt sich dabei um eine *nichtlineare Differentialgleichung*, weil $\dot{h}$ nicht von einer Linearkombination der Variablen u_P und h abhängt, sondern von $\sqrt{h}$. Diese nichtlineare Differentialgleichung kann, wie Listing 3.1 gezeigt hat, mit einem der üblichen Numerikprogramme simuliert werden. Abb. 3.5 zeigt den Verlauf von $h(t)$ bei einem Sprung von $u_P = 0$ auf $u_P = 2$.

Der klassische Weg der Regelungstechnik wäre es nun, diese nichtlinearen Differentialgleichung zu linearisieren und über die Laplacetransformation in eine Übertragungsfunktion umzuformen. Dieser Weg ist in Mann et al. [1] oder vielen anderen Büchern ausführlich beschrieben und soll hier nicht weiter dargestellt werden.

Statt dessen wollen wir unsere Modelle durch einfache Messungen bestimmen.

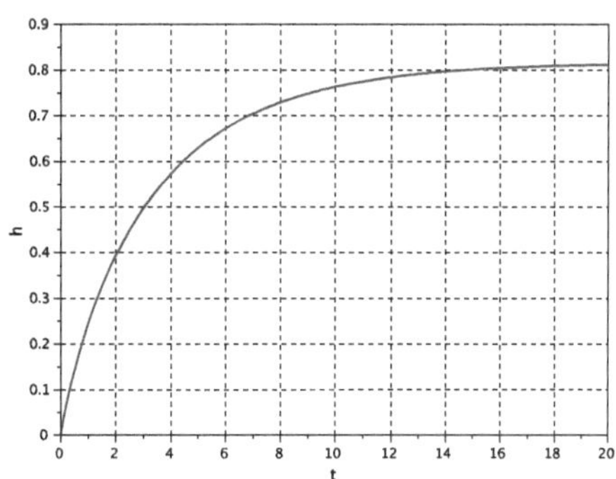

Abb. 3.5 Verlauf von $h(t)$ aus der Differentialgleichung 3.7

Listing 3.1 Scilab Code für die Simulation der Differentialgleichung 3.7

```
   // Differentialgleichung
 2 deff("[hdot]=Strecke(t,h)","hdot=1/A*(k*uP-Aab*sqrt(2*g*h))");
   // Parameter
 4 A=1;k=0.2;Aab=0.1;g=9.81;
   // Zeitbereich der Simulation
 6 t=0:0.1:20;
   // Anfangswerte
 8 h0=0; t0 = 0;
   // Anregungssignal uP
10 uP=2;
   h=ode(h0,t0,t,Strecke);
12 plot(t,h,'b');


14

   // Grafikparameter
16 xgrid(); xtitle("","t","h");
   a=get("current_axes"); a.data_bounds=[-0.1,0.1;max(t),1.1];
18 f=get("current_figure"); f.children(1).children.children.
      thickness=2;
```

3.4.2   Elementare Übertragungsglieder

Die Erfahrung der Regelungstechnik zeigt, dass physikalisch vollkommen verschiedene Strecken durch wenige, nur in den Parametern und Einheiten unterschiedlichen Differentialgleichungen beschrieben werden können. Diese Unterschiede spielen für die Reglerauslegung keine Rolle.

In den folgenden Abschnitten werden die Differentialgleichungen, typische Verläufe der Sprungantworten und die Laplace-Übertragungsfunktionen der wichtigsten elementaren Systeme vorgestellt.

3.4.2.1 PT$_1$-Glied

Systeme mit einem physikalischen Speicher und einer Rückführung lassen sich durch eine Differentialgleichung erster Ordnung beschreiben:

$$T_1 \cdot \dot{x}_a + x_a = K \cdot x_e \tag{3.8}$$

Auf unsere Füllstandsstrecke aus Abb. 3.4 angewandt entspricht der Behälter, der gefüllt wird, dem Speicher.

Abb. 3.6 Sprungantwort des
PT$_1$-Glieds

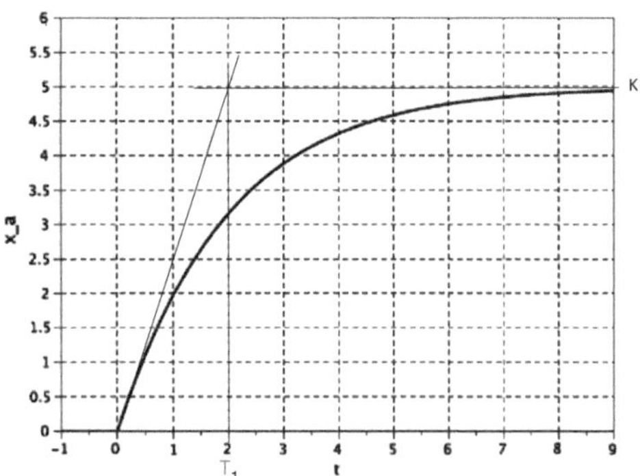

In der Regelungstechnik spricht man von einem *proportionalem Übertragungsverhalten
mit Verzögerung 1. Ordnung.* Abb. 3.6 zeigt die Sprungantwort für $K = 5$, $T_1 = 2$.
Die Laplace-Übertragungsfunktion lautet:

$$G(s) = \frac{X_a}{X_e} = \frac{K}{T_1 \cdot s + 1} \tag{3.9}$$

3.4.2.2 PT$_2$-Glied

Systeme aus zwei physikalischen Speichern und einer anschließenden Rückführung führen
auf eine Differentialgleichung zweiter Ordnung:

$$T^2 \cdot \ddot{x}_a + 2 \cdot d \cdot T \cdot \dot{x}_a + x_a = K \cdot x_e \tag{3.10}$$

Die Laplace-Übertragungsfunktion lautet:

$$G(s) = \frac{X_a}{X_e} = \frac{K}{T^2 \cdot s^2 + 2 \cdot d \cdot T \cdot s + 1} \tag{3.11}$$

In der Regelungstechnik spricht man von *proportionalem Übertragungsverhalten mit
Verzögerung 2. Ordnung.*

Bei den Speichern kann es sich beispielsweise um zwei Behälter handeln, von denen der
zweite aus dem ersten und der erste aus dem Zulauf befüllt wird. Ein derartiges System ließe
sich auch als Reihenschaltung von zwei PT$_1$-Gliedern modellieren. Der zeitliche Verlauf der
Sprungantwort ist in Abb. 3.7a dargestellt. Er entspricht weitgehend dem eines PT$_1$-Glieds,
beginnt aber bei $t = 0$ mit der Steigung 0, während die Sprungantwort eines PT$_1$-Glieds
bei $t = 0$ die maximale Steigung aufweist. Die Sprungantwort eines PT$_2$-Glieds weist also
einen Wendepunkt auf, die eines PT$_1$-Glieds nicht.

Wenn der zweite Speicher auf den ersten zurückwirkt, kann die Energie zwischen den
Speichern pendeln, sodass sich eine Schwingung wie in Abb. 3.7b ergibt. Ein typisches

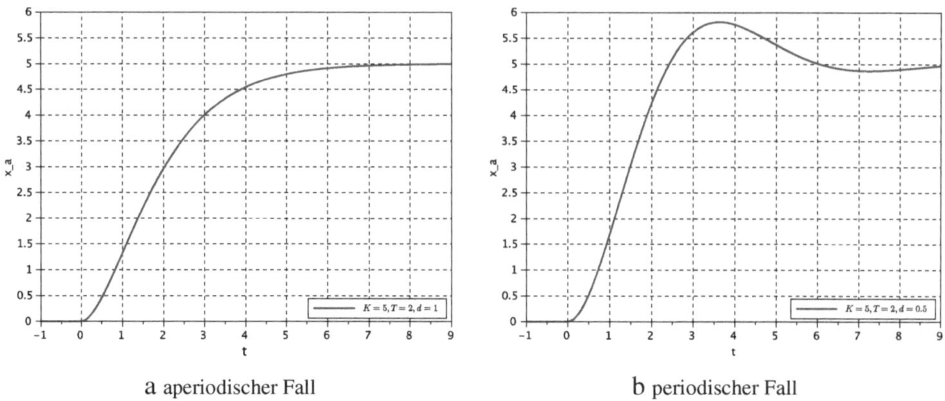

a aperiodischer Fall   b periodischer Fall

Abb. 3.7 Sprungantwort des PT_2-Glieds

Beispiel wäre ein Pendel. Hier wäre ein Speicher die Auslenkung, die potenzielle Energie speichert, und der zweite die Geschwindigkeit, also die kinetische Energie.

Ein reales Pendel wird nach einer Anregung schwingen. Allerdings geht die Amplitude der Schwingungen mit der Zeit zurück. Dieser Rückgang wird durch die *Dämpfung d* beschrieben: Für $0 < d < 1$ zeigt das *PT_2-Glied periodisches Verhalten*. Für $1 \leq d$ zeigt es *aperiodisches Verhalten*. Eine Dämpfung von $d = 0$ ist technisch nicht darstellbar.

Je größer die Dämpfung ist, desto langsamer reagiert das System auf die Anregung. In der Regelungstechnik wird für einen geschlossenen Regelkreis oft eine Dämpfung von $d = \frac{\sqrt{2}}{2}$ gefordert. Diese Dämpfung stellt einen guten Kompromiss zwischen Schwingneigung und Reaktionszeit dar.

3.4.2.3 I-Glied

Ein reiner Speicher ohne Ausgleich zeigt integrierendes Verhalten. Die Differentialgleichung lautet:

$$\dot{x}_a = K \cdot x_e \tag{3.12}$$

Die Laplace-Übertragungsfunktion lautet:

$$G(s) = \frac{X_a}{X_e} = \frac{K}{s} \tag{3.13}$$

Der zeitliche Verlauf der Sprungantwort ist in Abb. 3.8 dargestellt.

Als Beispiel können wir uns eine Seilwinde vorstellen. Solange die Winde läuft wird immer mehr Seil auf- bzw. abgewickelt. Damit ändert sich die Position des Seilendes. Bleibt die Winde stehen, bleibt auch das Seilende stehen.

Das I-Glied wird auch als *Integrator* bezeichnet.

Abb. 3.8 Sprungantwort des
I-Glieds

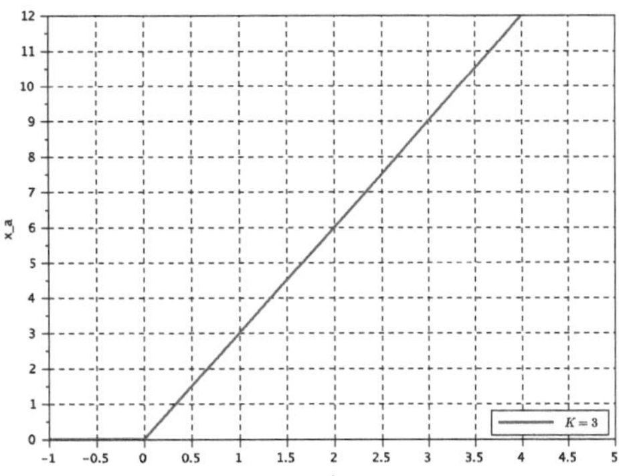

3.4.2.4 Verzögerungsglied

Neben den bisher dargestellten Energieströmen zwischen physikalischen Speichern treten in der Praxis auch einfache Transportvorgänge auf. Wird Masse über ein Förderband transportiert, reagiert der Ausgang der Förderstrecke mit einer gewissen *Verzögerungs-* oder *Totzeit* auf Änderungen am Eingang der Strecke, weil das Material zum Ausgang transportiert werden muss. Mathematisch ergibt sich folgender Zusammenhang:

$$x_a(t) = K \cdot x_e(t - T_t) \tag{3.14}$$

Die Laplace-Übertragungsfunktion lautet:

$$G(s) = \frac{X_a}{X_e} = K \cdot e^{-T_t \cdot s} \tag{3.15}$$

Der zeitliche Verlauf der Sprungantwort ist in Abb. 3.9 dargestellt.

Das Verzögerungsglied wird auch als *Totzeitglied* oder T_t-*Glied* bezeichnet.

Abb. 3.9 Sprungantwort des
Verzögerungs-Glieds

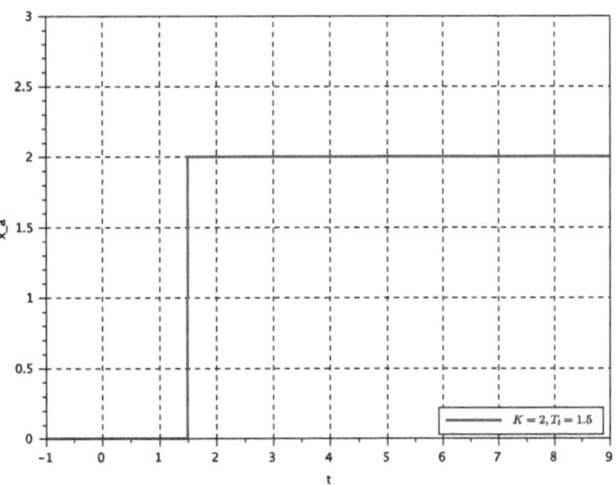

3.4.3 Standardmodelle mit Parametern aus der Sprungantwort

Als Alternative zur mathematisch/physikalischen Modellierung messen Praktiker die *Sprungantwort* des zu modellierenden Systems und bestimmen durch den Vergleich mit typischen Modellen ein näherungsweise richtiges Modell. Bei komplexeren Strecken lohnt es sich oft, mehrere Teile einzeln zu vermessen und zu modellieren und das Zusammenspiel der einzelnen Modelle in einem aufwendigeren Signalflussplan darzustellen.

Bei der Auswahl des Modells gilt der Grundsatz: „So einfach wie möglich". Die erste Frage, die sich dabei stellt, ist: „Periodisches oder aperiodisches System".

Handelt es sich um ein *aperiodisches System,* ist zu prüfen, ob es ein System erster oder höherer Ordnung ist. Weist die Sprungantwort einen Wendepunkt auf, handelt es sich um ein System höherer Ordnung, das über ein PT_1T_t-Modell abgebildet wird. Andernfalls genügt ein PT_1-Modell.

Für ein *periodisches System* wird ein PT_2-Modell verwendet.

Für die praktische Durchführung aus der Sprungantwort ist eine weitere Frage zu beantworten: Welchen Wert soll die Sprungfunktion für $t < 0$, also vor dem Sprung, und welchen für $t > 0$, also nach dem Sprung, annehmen?

Die Theorie der Regelungstechnik behandelt *lineare Systeme.* Das bedeutet, dass ein Sprung von 0 auf 1 genauso aussieht wie ein Sprung von 0 auf 100, nur proportional verkleinert. Die meisten Lehrbücher arbeiten deswegen mit einem Sprung von 0 auf 1.

Dieses Wertepaar wird in der Praxis kaum passen. Ein Tempomat wird wohl eher mit einem Sprung von $80\frac{km}{h}$ auf $100\frac{km}{h}$ getestet werden. Bei der Füllstandsstrecke wird es wohl um Füllstände zwischen 0,3m und 0,6m gehen.

Zudem sind alle technischen Systeme nichtlinear, weil die Ausgangsgröße begrenzt ist. Selbst wenn der Nutzer am Tempomaten $1236\frac{km}{h}$ einstellt, wird sein Auto diese Geschwindigkeit nicht erreichen, weil es physikalisch begrenzt ist. Außerdem sind viele Zusammenhänge in sich nichtlinear.

Der geübte Praktiker hilft sich hier, indem er die Betrachtung auf einen sinnvollen Wertebereich innerhalb der Auslegungsgrenzen beschränkt und über mehrere Messungen prüft, ob er innerhalb des Arbeitsbereichs von einem halbwegs linearen Verhalten ausgehen kann.

Betrachten wir dazu noch mal das Beispiel der Füllstandsstrecke entsprechend Gl. 3.7: Abb. 3.10a zeigt drei Simulationsläufe bei unterschiedlichen Stellgrößen u_P. Für jeden Simulationslauf stellt sich jeweils ein anderer Endwert ein, sodass die Kurven nicht vergleichbar sind.

Für die Abb. 3.10b wurden nun alle drei Kurven auf ihren jeweiligen Endwert bezogen. Damit wird deutlich, dass die Anstiegsgeschwindigkeit bei höheren Füllständen immer geringer wird, sodass sich jeweils ein langsameres dynamisches Verhalten ergibt.

Das Modell ist also aus dem Sprung abzuleiten, der möglichst den in der Praxis auftretenden Werten entspricht. Bei der Füllstandsstrecke wäre das wohl ein Sprung auf die übliche Füllhöhe. Dabei ist zu beachten, dass ein derartiger Sprung nicht zwingend

Abb. 3.10 Schar der Sprungantworten für $u_P = 1, 2, 5$

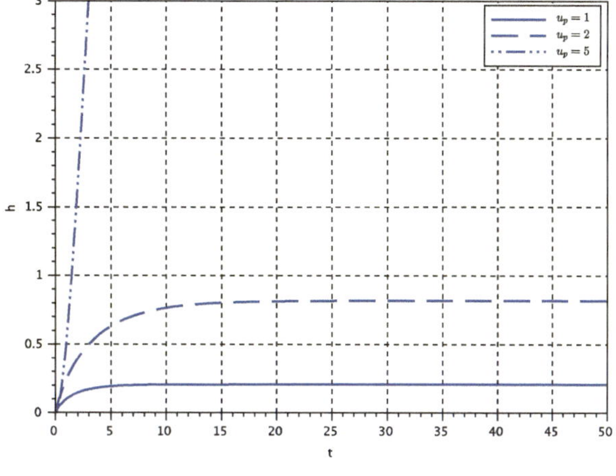

a nicht normiert

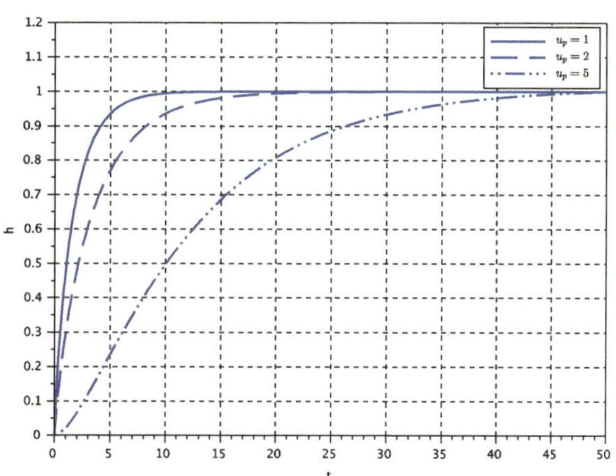

b auf den jeweiligen Endwert normiert

bei 0 beginnen muss. Beim Tempomaten wären Sprünge von $60\frac{\text{km}}{\text{h}}$ auf $100\frac{\text{km}}{\text{h}}$ sicherlich relevanter als die von 0 auf $100\frac{\text{km}}{\text{h}}$.

3.4.3.1 PT$_1$-Modell

Das PT$_1$-Modell wird durch die Differentialgleichung 3.8 und die Übertragungsfunktion 3.9 beschrieben.

Abb. 3.6 zeigt, wie die Parameter bestimmt werden:

K entspricht dem Verhältnis von Ausgangswert und Eingangswert nach Abklingen der Schwingungen:

$$K = \frac{x_a(t \to \infty)}{x_e(t \to \infty)} = \frac{\text{Sprunghoehe Ausgang}}{\text{Sprunghoehe Eingang}} \tag{3.16}$$

Zur Bestimmung von T_1 wird bei $t = 0$ eine Tangente an die Kurve angelegt. Der Schnittpunkt dieser Tangente mit der Geraden $x_a = K$ entspricht T_1.

3.4.3.2 PT_1T_t-Modell

Aperiodische Systeme höherer Ordnung lassen sich gut als „verzögertes" PT_1-Verhalten nähern, also eine Reihenschaltung aus PT_1- und T_t-Glied mit der Übertragungsfunktion:

$$G(s) = \frac{K \cdot e^{-T_t \cdot s}}{T_1 \cdot s + 1} \tag{3.17}$$

Die Parameter dieses Modells lassen sich aus zwei ausreichend weit auseinanderliegenden Punkten (t_1, x_{a_1}) und (t_2, x_{a_2}) auf der Sprungantwort bestimmen (Abb. 3.11):

$$K = \frac{x_a(t \to \infty)}{x_e(t \to \infty)} \tag{3.18}$$

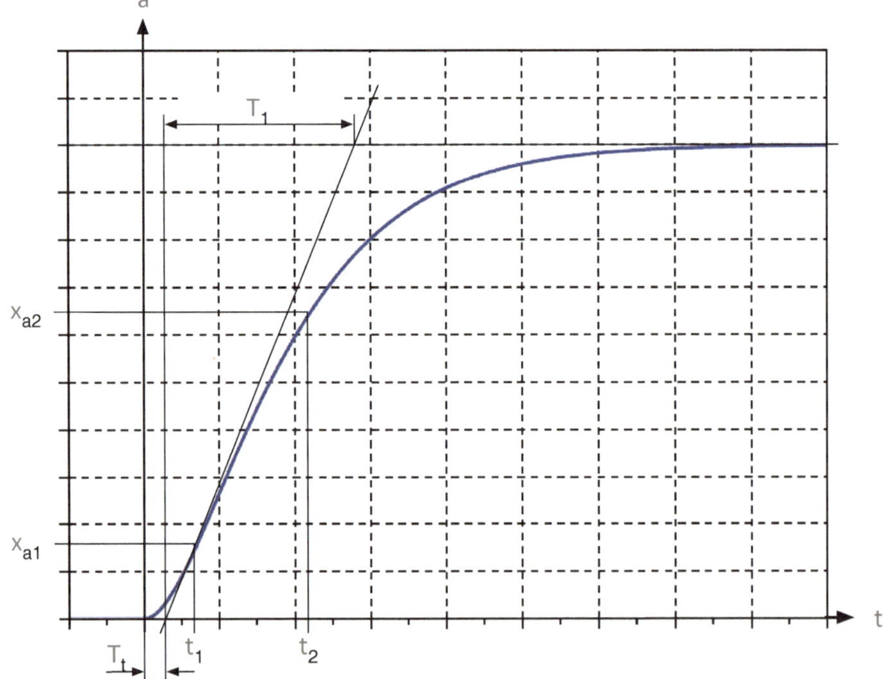

Abb. 3.11 Ablesen der Parameter für das PT_1T_t-Modell aus der Sprungantwort

$$T_1 = \frac{t_2 - t_1}{ln\left(\frac{K - x_{a_1}}{K - x_{a_2}}\right)} \tag{3.19}$$

$$T_t = T_1 \cdot ln\left(1 - \frac{x_{a_2}}{K}\right) + t_2 \tag{3.20}$$

Ein Beispiel

Die durchgezogene Linie in Abb. 3.12 zeigt den zeitlichen Verlauf der Sprungantwort eines aperiodischen PT$_2$-Systems. Hier wurde abgelesen:

$$t_1 = 1{,}0$$
$$t_2 = 3{,}0$$
$$x_{a_1} = 1{,}3212056$$
$$x_{a_2} = 4{,}0042586$$
$$x_a(t \to \infty) = 5$$
$$x_e(t \to \infty) = 1 \tag{3.21}$$

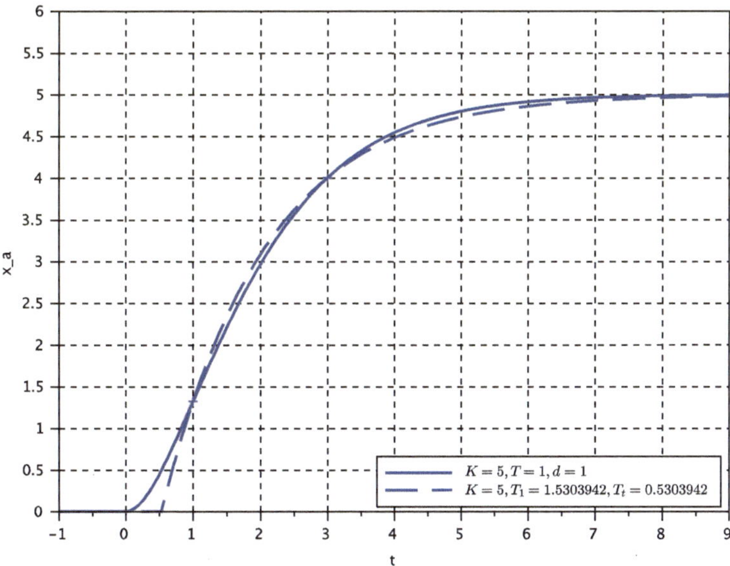

Abb. 3.12 Sprungantwort eines aperiodischen PT$_2$-Systems und des entsprechenden PT$_1$T$_t$-Modells

Mit den Gl. 3.18, 3.19 und 3.20 ergibt sich damit

$$K = 5 \tag{3.22}$$

$$T_1 = 1{,}5303942$$

$$T_t = 0{,}5303942 \tag{3.23}$$

Für das entsprechende PT_1T_t-Modell ergibt sich die gestrichelte Linie in Abb. 3.12.

3.4.3.3 PT_2-Modell

Ein *schwingendes System* wird als PT_2-Verhalten entsprechend der Differentialgleichung 3.10 modelliert. Die Übertragungsfunktion entspricht Gl. 3.11.

Die Parameter dieses Modells lassen sich aus zwei ausreichend weit auseinanderliegenden Punkten (t_1, x_{a_1}) und (t_2, x_{a_2}) auf der Sprungantwort bestimmen (Abb. 3.13):

$$K = \frac{x_a(t \to \infty)}{x_e(t \to \infty)} \tag{3.24}$$

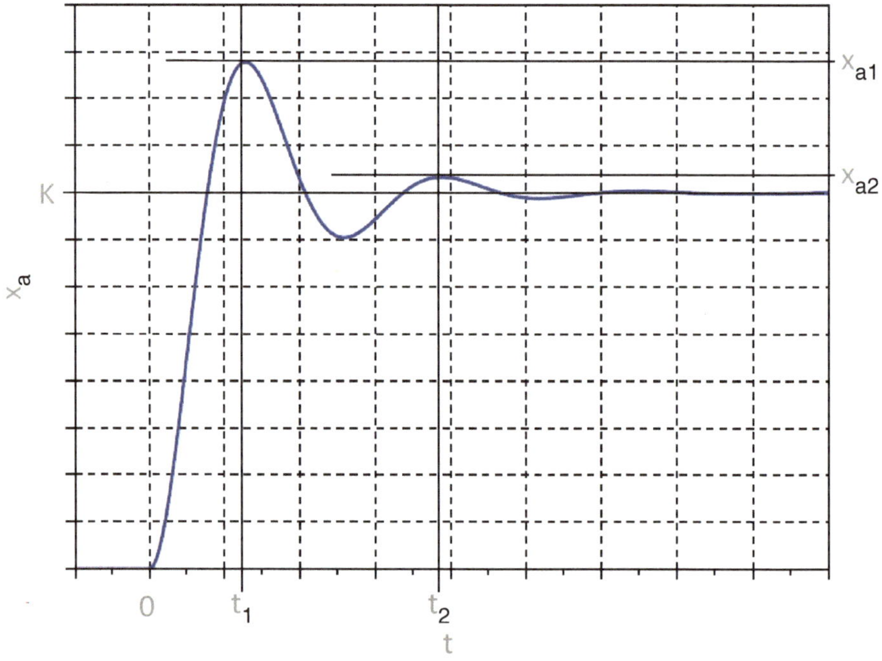

Abb. 3.13 Ablesen der Parameter für das PT_2-Modell aus der Sprungantwort

$$T = \frac{t_2 - t_1}{\sqrt{4 \cdot \pi^2 + ln^2 \left(\frac{x_{a_1} - K}{x_{a_2} - K} \right)}} \tag{3.25}$$

$$d = \frac{ln \left(\frac{x_{a_1} - K}{x_{a_2} - K} \right)}{\sqrt{4 \cdot \pi^2 + ln^2 \left(\frac{x_{a_1} - K}{x_{a_2} - K} \right)}} \tag{3.26}$$

3.4.3.4 Global integrierendes Verhalten

Die Modelle aus den Abschn. 3.4.3.1, 3.4.3.2 und 3.4.3.3 reagieren auf eine sprungförmige Anregung mit einem „sprungähnlichem" Verhalten. Es gilt $x_a(t \to \infty) \to$ const.

Zusammenhänge wie der zwischen Fahrzeuggeschwindigkeit und Gaspedalstellung können so gut beschrieben werden: Wird das Gaspedal gedrückt, beschleunigt das Fahrzeug, bis sich nach einer gewissen Zeit eine konstante Geschwindigkeit einstellt.

Bei konstanter Geschwindigkeit bewegt sich das Fahrzeug dann immer weiter. Für große t gilt $x_a(t) = c_1 \cdot t + c_2$.

Der Zusammenhang zwischen Fahrzeugposition und Gaspedalstellung zeigt also ein Verhalten wie das I-Glied aus Abschn. 3.4.2.3. Derartige Systeme werden als *Systeme ohne Ausgleich* oder *global integrierende Systeme* bezeichnet.

Mit einem Trick gelingt es, auch diese Systeme messtechnisch zu modellieren. Dazu wird statt des Sprungs, die Ableitung des Sprungs, also ein Impuls auf das System gegeben.

3.5 Dimensionierung des Stellglieds

Bei der „klassischen" Regelungstechnik (lineare Systeme) spielen die tatsächlichen Werte von Führungs-, Stell- und Regelgröße keine Rolle. Meist wird hier mit Werten zwischen 0 und 1 gearbeitet. Andere Werte lassen sich dann durch proportionale Umrechnung bestimmen.

In Abschn. 3.4.3 haben wir schon darauf hingewiesen, dass es in der Praxis meist um nichtlineare Systeme geht, deren Verhalten durch ein lineares Modell angenähert wird.

Ein weiterer, in der Praxis sehr relevanter Aspekt ist die *Dimensionierung des Stellglieds*. Kernidee der Regelungstechnik ist es, die Stellgröße so zu wählen, dass sich die gewünschte Regelgröße einstellt. Weicht die Regelgröße von der Führungsgröße ab, stellt der Regler entsprechend nach. Das bedeutet, dass die Leistung des Stellglieds nicht voll ausgeschöpft werden darf, um Spielraum fürs Nachstellen zu lassen.

Das lässt sich am Beispiel des Tempomaten gut nachvollziehen: Sollte für das Erreichen der vorgegebenen Geschwindigkeit die volle Motorleistung nötig sein, hat der Tempomat keine Reserve, um Störgrößen wie Gegenwind oder Steigungen auszuregeln, weil er Vollgas geben muss.

3.5.1 Statischer Fall

Das Stellglied muss auf jeden Fall in der Lage sein, die Regelgröße auf den gewünschten
Wert einzustellen. Die dafür notwendige Stellgröße kann entweder durch messtechnisches
Ausprobieren bestimmt werden, indem die Stellgröße so lange erhöht wird, bis sich die
gewünschte Regelgröße einstellt. Dazu ist allerdings schon ein Stellglied nötig.

Alternativ kann die notwendige Stellgröße aus der Differentialgleichung des Systems
abgeleitet werden. Da es um den stationären Fall geht, werden sämtliche Ableitungen zu
0 und für die Regelgröße der gewünschte Wert eingesetzt. Damit kann die notwendige
Stellgröße bestimmt werden.

Für das Beispiel aus Gl. 3.7 ergibt sich:

$$\dot{h} \stackrel{!}{=} 0 = \frac{k}{A} \cdot u_{P_{stat}} - \frac{A_{ab} \cdot \sqrt{2 \cdot g \cdot h_{stat}}}{A} \tag{3.27}$$

also

$$u_{P_{stat}} = \frac{A_{ab} \cdot \sqrt{2 \cdot g \cdot h_{stat}}}{k} \tag{3.28}$$

Mit den Parametern aus Tab. 3.1 ergibt sich für $h_{stat} = 4$

$$u_{P_{stat}} \approx 4{,}42 \tag{3.29}$$

Abb. 3.14 zeigt, dass mit dieser Stellgröße der gewünschte Wert erreicht wird, wenn auch
ziemlich spät.

Das Stellglied sollte in der Praxis mindestens so dimensioniert werden, dass es eine etwas
größere als die so gefundene Stellgröße liefern kann.

Abb. 3.14 Verlauf von $h(t)$
aus der Differentialgleichung
3.7 für den statischen und den
dynamischen Fall

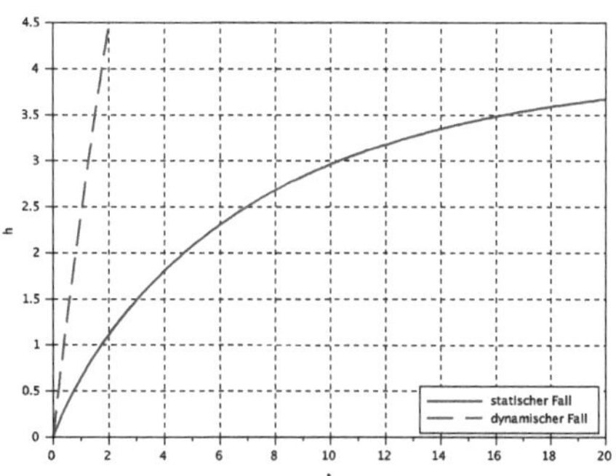

3.5.2 Dynamischer Fall

Üblicherweise soll der Regelkreis die geforderte Regelgröße innerhalb einer bestimmten Zeit erreichen. Abschn. 3.2 definiert dafür die Zeitmaße $t_{5\%_{an,w}}$ und $t_{5\%_{aus,w}}$. Die Ausregelzeit $t_{5\%_{aus,w}}$ hängt im allgemeinen von der Reglerauslegung ab, ist also für die Stellglieddimensionierung nicht aussagekräftig. Die Anregelzeit hängt direkt von der maximalen Stellgröße ab.

Beschreibt man das Verhalten der Strecke näherungsweise als einfachen, linearen Anstieg, so ergibt sich die notwendige Änderungsgeschwindigkeit der Regelgröße als

$$\dot{y} \approx \frac{\Delta y}{t_{5\%_{an,w}}} \tag{3.30}$$

Ist die Differentialgleichung des Systems bekannt, kann somit die *maximal notwendige Stellgröße* bestimmt werden. Für die Strecke aus Gl. 3.7 ergibt sich für einen Sprung von 0 auf h_{stat}, also für $\Delta y = h_{stat}$

$$\frac{\Delta y}{t_{5\%_{an,w}}} = \frac{h_{stat}}{t_{5\%_{an,w}}} \overset{!}{=} \frac{k}{A} \cdot u_{P_{max}} - \frac{A_{ab} \cdot \sqrt{2 \cdot g \cdot h_{stat}}}{A} \tag{3.31}$$

also

$$u_{P_{max}} = \frac{A}{k} \cdot \frac{h_{stat}}{t_{5\%_{an,w}}} + \frac{A_{ab} \cdot \sqrt{2 \cdot g \cdot h_{stat}}}{k} \tag{3.32}$$

Mit den Parametern aus Tab. 3.1 ergibt sich für $h_{stat} = 4$ und $t_{5\%_{an,w}} = 2$

$$u_{P_{max}} \approx 14{,}42 \tag{3.33}$$

Abb. 3.14 zeigt, dass mit dieser Stellgröße der gewünschte Wert in der gewünschten Zeit erreicht wird. Das Stellglied muss dazu allerdings etwa 5 mal mehr leisten als im statischen Fall und könnte somit auch deutlich größere Werte der Regelgröße erreichen.

Für Differentialgleichungen höherer Ordnung erfolgt die Rechnung analog.

3.5.3 Mit Standardmodell

Alternativ kann die Dimensionierung anhand der Standardmodelle aus Abschn. 3.4.3 erfolgen.

Für das PT_1 Modell ergibt sich mit dem Ansatz aus Gl. 3.30

$$x_{e_{max}} = \frac{x_{a_{stat}} \cdot T_1}{t_{5\%_{an,w}} \cdot K} + \frac{x_{a_{stat}}}{K} \tag{3.34}$$

Dabei entspricht $x_{a_{stat}}$ dem gewünschten Endwert der Regelgröße und $x_{e_{max}}$ dem dafür notwendigen Eingang für das Modell, also entweder der Stellgröße oder dem Eingang des Stellglieds, wenn dieses als Teil der Strecke mitmodelliert wurde.

Für das PT_1T_t-Modell ergibt sich im Prinzip derselbe Zusammenhang. Das Totzeitglied verzögert aber die Anregung des PT_1-Glieds, sodass gilt

$$x_{e_{max}} = \frac{x_{a_{stat}} \cdot T_1}{\left(t_{5\%_{an,w}} - T_t\right) \cdot K} + \frac{x_{a_{stat}}}{K} \tag{3.35}$$

3.6 Einstellen des Reglers

Wenn die Strecke modelliert und das Stellglied dimensioniert sind, fehlt im Regelkreis nur noch der Regler, der den Regelkreis schließt. Der Einfachheit halber gehen wir im folgenden davon aus, dass Stellglied und Strecke in einem Modell zusammengefasst sind und dass die Messwerterfassung die Regelgröße ohne Verzögerung oder Umrechnung weitergibt. Damit ergibt sich ein einfacher Regelkreis aus Regler und Strecke wie in Abb. 3.15.

3.6.1 Zweipunktregler

Viele Praktiker entwerfen mit den Methoden der Steuerungstechnik Regelkreise, ohne dass ihnen das bewusst ist.

Betrachten wir dazu zunächst noch mal den Wasserkocher aus Abb. 1.1: Bleibt dieser dauerhaft angeschaltet, gibt die Steuerung entsprechend der Wahrheitstabelle aus Abb. 1.3c die Heizleistung frei, bis Dampf entsteht. Danach schaltet sie die Heizleistung ab. Das Wasser wird nun abkühlen bis der Sensor keinen Dampf mehr detektiert. Danach schaltet die Steuerung entsprechend der Wahrheitstabelle die Heizung wieder ein. Die Heizung wird also mal ein und mal ausgeschaltet.

Dieses Verfahren wird in der Regelungstechnik als *Zweipunktregelung* bezeichnet. Die Stellgröße kann dabei zwei Werte annehmen. Der Regler schaltet zwischen diesen beiden Werten hin und her.

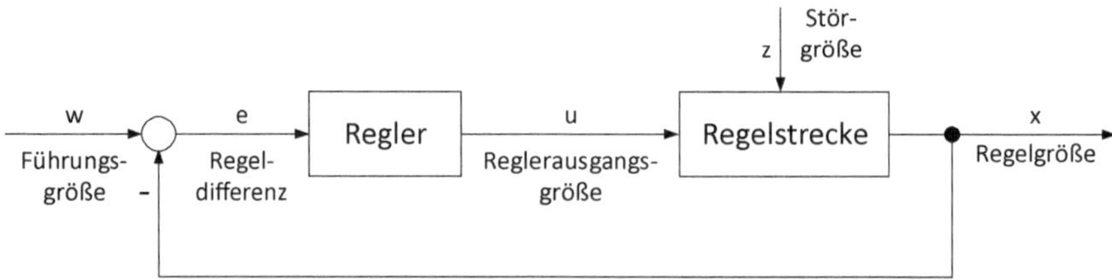

Abb. 3.15 Vereinfachter Regelkreis

Dieses auf den ersten Blick eher einfache Verfahren gewinnt an Bedeutung, da *schaltende Stellglieder* meist mit weniger Verlusten arbeiten als kontinuierliche und zudem günstiger zu realisieren sind.

Das binäre Signal `Dampf` beim Wasserkocher fasst das Bilden der Regeldifferenz und das Berechnen der Stellgröße zusammen. Damit ist die Führungsgröße dieses Regelkreises fest auf den Siedepunkt des Wassers, ab dem sich Dampf bildet, eingestellt. Teilt man diese Funktionalitäten auf, ergibt sich ein einfacher schaltender Regler, der die Regeldifferenz auf die Reglerausgangsgröße abbildet. Ist die Regelgröße kleiner als die Führungsgröße, gilt also $e > 0$, gibt er die maximale Reglerausgangsgröße u_{max} und damit die maximale Stellgröße aus, um die Regelgröße größer zu machen. Für $e \leq 0$ gibt er die minimale Reglerausgangsgröße u_{min} aus. Dieser Regler hat also eine stufenförmige *Kennlinie* entsprechend Abb. 3.16a.

Im geschlossenen Regelkreis gibt der Regler nun abwechselnd u_{max} und u_{min} aus. Das entspricht jeweils einem Sprung. Die Regelgröße reagiert auf diesen Sprung mit der Sprungantwort. Die Sprungantwort beginnt dabei aber nicht wie im Standardfall bei 0, sondern bei dem letzten Wert vor dem Umschalten. Insgesamt ergibt sich für die Regelgröße damit ein Verlauf wie in Abb. 3.18a, der in engen Grenzen um die Führungsgröße pendelt. Je höher die Frequenz des Umschaltens ist, desto kleiner wird die Abweichung von der Führungsgröße und desto mehr wird das schaltende Stellglied belastet.

Die Kennlinie nach Abb. 3.16b ist etwas „toleranter" und belastet das Stellglied nicht so stark, da die Stellgröße nur umgeschaltet wird, wenn die Regeldifferenz ein Toleranzband verlässt. Steuerungstechnisch lässt sich das nicht mehr mit einer Verknüpfungssteuerung, sondern nur mit einer Ablaufsteuerung realisieren.

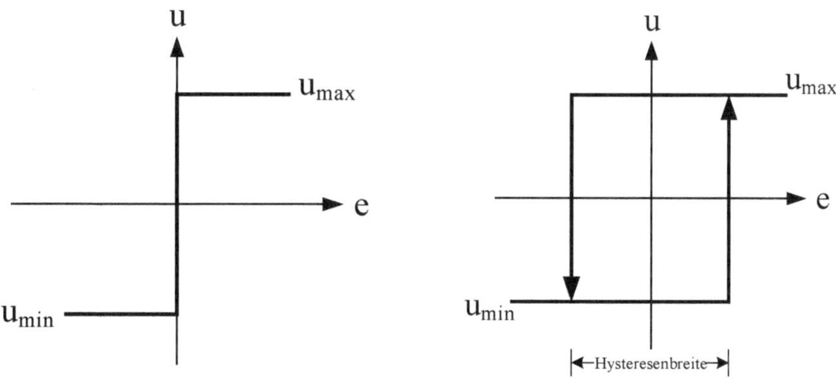

Abb. 3.16 Kennlinien für Zweipunktregler

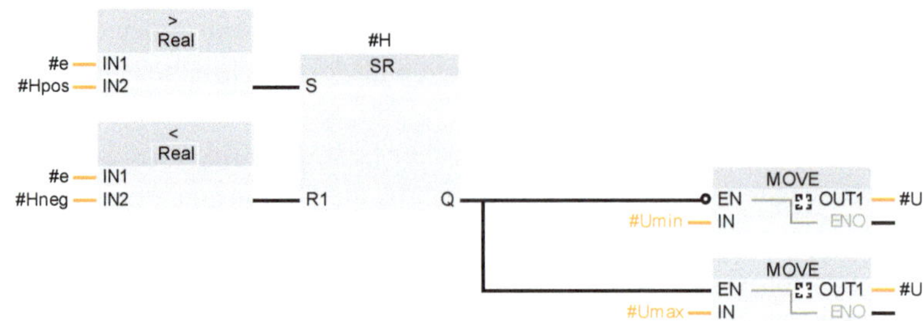

Abb. 3.17 FUP-Code für einen Zweipunktregler mit Hysterese

Abb. 3.17 zeigt eine mögliche Realisierung für einen Zweipunktregler mit Hysterese in FUP: Die Regeldifferenz e wird mit dem oberen (Hpos) bzw. unteren (Hneg) Ende der Hysterese verglichen. Liegt die Regeldifferenz über dem oberen Ende der Hysterese wird der Merker H gesetzt. Bei $e < H_{neg}$ wird der Merker zurückgesetzt. Die beiden Move-Bausteine rechts schreiben entsprechend dem Wert des Merkers die maximale (Umax) bzw. die minimale Reglerausgangsgröße (Umin) auf den Ausgang U. Für $H_{neg} \leq e \leq H_{pos}$ wird der Merker nicht verändert, da keine der beiden Bedingungen anspricht. In diesem Fall wird (weiter) der Wert ausgegeben, der vor dem Eintritt von e in die Hysterese ausgegeben wurde.

Abb. 3.18 zeigt die Ergebnisse einer Simulation für die Strecke entsprechend Gl. 3.7. Dabei wurde $u_{min} = 0$ gewählt, da die Pumpe nicht rückwärts laufen kann, und $u_{max} = 14$ entsprechend der Auslegung aus Abschn. 3.5.

Die Kombination aus schaltendem Regler und kontinuierlicher, durch eine Differentialgleichung beschriebene Strecke, kann in üblichen Numerikprogrammen nicht unmittelbar dargestellt werden. Der Simulationscode in Listing 3.2 behilft sich, indem er die Simulation in einzelnen Zeitintervallen ausführt und in jedem Zeitintervall einmal den Code für den schaltenden Regler aufruft. Das entspricht ziemlich gut dem Verhalten eines realen Systems, bei dem die Berechnung der neuen Stellgröße jeweils einen der Simulationszeitschritte lange dauert. Für Abb. 3.18c wurde die Hysterese in Zeile 36 auf 0 gesetzt.

Listing 3.2 Scilab Code für die Simulation zu Abb. 3.18

```
 1   // Simulation Fuellstandsstrecke mit Zweipunktregler
 2
 3   // Differentialgleichung
 4   deff("[hdot]=Strecke(t,h)","hdot=1/A*(k*uP-Aab*sqrt(2*g*h))");
 5   // Parameter
 6   A=1;k=0.2;Aab=0.1;g=9.81;
 7
 8   // Zweipunktregler mit Hysterese
 9   global An;
10   An = 0;
11   function y = ZWPR(h,hyst,hsoll)
```

```
12      global An;
        if(h < (hsoll - hyst/2)) then
14          An = 1;
        end
16      if (h > (hsoll + hyst/2)) then
            An = 0;
18      end
        y = An;
20  endfunction

22  // Zeitskala der Simulation
    t=0:0.01:5;
24
    // Initialisieren des Simulationsergebnisses
26  y=t-t; h=y;

28  //Startwerte fuer t und h festlegen
    t0 = 0; h0 = 0; uP = 0;
30
    // Schrittweise Simulation
32  N=size(t); N=N(2);
    for i=1:N
34
      // Zweipunktregler
36    uP = ZWPR(h0,0.2,4) * 14;
      y(i) = uP;
38
      // Simulation fuer einen Zeitschritt
40    h(i)=ode(h0,t0,t(i),Strecke);

42    h0 = h(i);
      t0 = t(i);
44  end

46  plot(t,y,'b:',t,h,'b-');
    // Grafikformatierung
48  xgrid(); xtitle("","t","u,h");
    // Skalenteilung
50  a=get("current_axes"); a.data_bounds=[0,0;max(t),1.1*max(y)];
    // Strichstaerke
52  f=get("current_figure"); f.children(1).children.children.
        thickness=2;
    // Legende
54  legend(['u:Regelausgangsgroesse','h:Fuellhoehe'],4);
```

Abb. 3.18 Sprung von $w = 0$
auf $w = 4$ bei Zweipunktregler
an der Strecke entsprechend
Gl. 3.7 (durchgezogene Linie:
$y(t) = h(t)$, unterbrochene
Linie $u(t) = u_P(t)$)

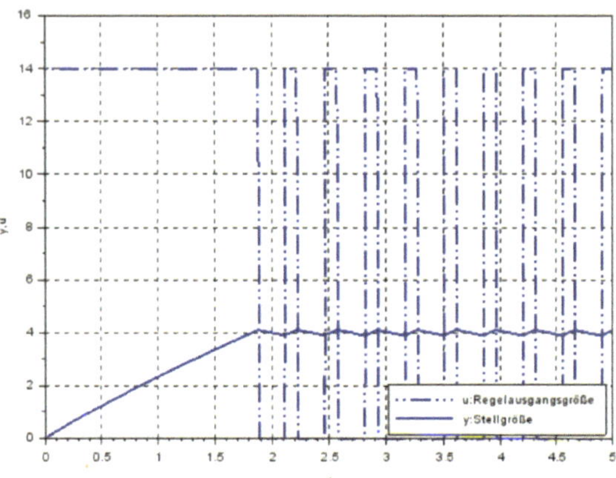

a mit Hysterese

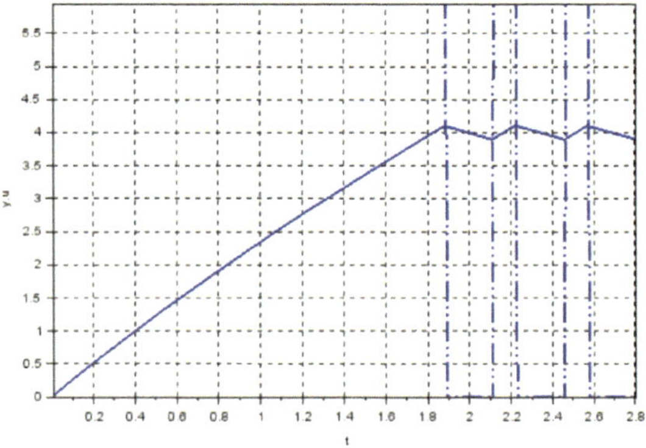

b Ausschnitt aus a

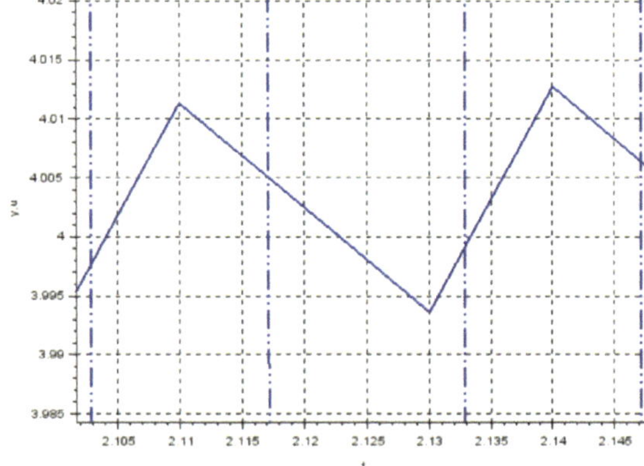

c Ausschnitt ohne Hysterese

3.6.2 Kontinuierliche Regler

Die meisten regelungstechnischen Aufgaben werden mit einem *PID-Regler* gelöst. Abb. 3.19 zeigt den prinzipiellen Aufbau dieses Reglers. Der oberste Zweig, der P-Zweig, multipliziert die am Eingang anliegende Regeldifferenz e mit dem Faktor K_P und bestimmt so einen Teil das Ausgangs u. Der Ausgang des Reglers ist also umso größer, je größer die Regelabweichung ist. Wie in Abschn. 1.3.8 dargestellt, ergibt sich damit in den meisten Fällen ein wenig befriedigendes Regelverhalten, da eine Regelabweichung von $e = 0$ dazu führt, dass die Strecke nicht mehr angeregt wird.

Hier kommt der I-Zweig ins Spiel, der den Ausgangswert langsam erhöht, solange gilt $e > 0$. Für $e < 0$ verkleinert der I-Zweig den Ausgabewert. Wenn die Regelabweichung verschwindet, also bei $e = 0$, bleibt der erreichte Ausgabewert stehen. Damit kann eine bleibende Regelabweichung von $e_\infty = 0$ erreicht werden.

Während der I-Zweig die Reglerausgangsgröße eher allmählich aufbaut, reagiert der D-Zweig als Differenzierer bereits auf sich andeutende Änderungen und sorgt somit für ein schnelles Ansprechen des Reglers bei Störungen. Zusätzlich wirkt er nach sprungförmigen Änderungen entgegengesetzt zum P-Regler – wenn die Regeldifferenz kleiner wird, gibt der D-Zweig ein negatives Signal aus.

Zusammenfassend ergibt sich durch den I-Zweig ein gutes stationäres Verhalten. Der D-Zweig reagiert schnell auf Störungen und erlaubt es, den P-Zweig etwas mehr zu betonen. Der P-Zweig sorgt bei mittleren bis großen Regelabweichungen für eine große Reglerausgangsgröße und damit ein schnelles Ansprechen des geschlossenen Regelkreises.

Abb. 3.19 Strukturbild des PID-Reglers

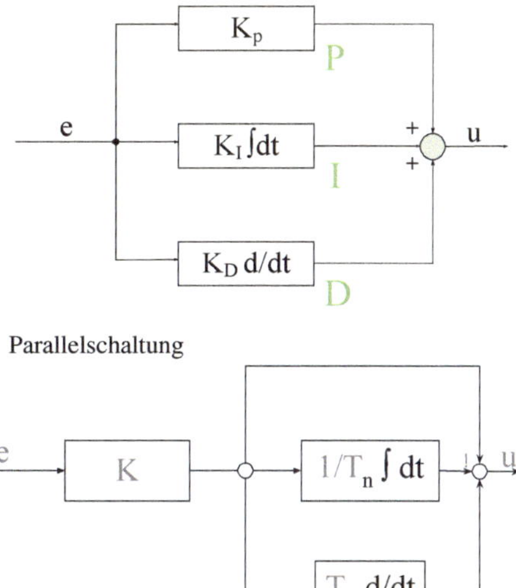

Tab. 3.2 Verhalten einfacher Regler beim Standardregelkreis

	P-Regler	PI-Regler	PD-Regler	PID-Regler
PT_1T_t-Modell	Ungeeignet	Etwas schlechter als PD	Ungeeignet	Gutes Führungs- und Störverhalten
PT_2-Modell	Ungeeignet	Etwas schlechter als PID	Ungeeignet	Gutes Führungs- und Störverhalten
Modell ohne Ausgleich	Führungsverhalten	Störverhalten	Führungsverhalten	Störverhalten

Die Differentialgleichung des PID-Reglers nach Abb. 3.19 lautet

$$u = K_P \cdot e(t) + K_I \cdot \int_0^t e(\tau) \cdot \mathrm{d}\tau + K_D \cdot \frac{\mathrm{d}}{\mathrm{d}t}e(t) \qquad (3.36)$$

Speziell in der (älteren) analogen Regelungstechnik ist auch die folgende Schreibweise gebräuchlich

$$u = K \cdot \left(e + \frac{1}{T_N} \cdot \int_0^t e \cdot \mathrm{d}\tau + T_V \cdot \frac{\mathrm{d}}{\mathrm{d}t}e \right) \qquad (3.37)$$

Die Parameter der beiden Darstellungsformen lassen sich folgendermaßen ineinander umrechnen:

$$K_p = K \qquad (3.38)$$

$$K_I = \frac{K}{T_N} \qquad (3.39)$$

$$K_D = K \cdot T_V \qquad (3.40)$$

In der Praxis sind nicht immer alle Komponenten des Reglers aktiv. Durch entsprechende Parametrierung werden einzelne Zweige abgeschaltet. Tab. 3.2 zeigt, welches Verhalten bei abgeschalteten Zweigen zu erwarten ist.

3.6.2.1 Ein Beispiel – Die Strecke

Zur Veranschaulichung wollen wir den Regelkreis aus Abb. 3.20 betrachten. Die Strecke besteht aus drei hintereinandergeschalteten PT_1-Gliedern mit deutlich unterschiedlichen Zeitkonstanten.

In der Praxis würde die Strecke nun vermessen werden. Anstelle dieser Messung führen wir hier eine Simulation durch. Dafür muss das Modell der Strecke im Simulationswerkzeug erfasst werden. In Abschn. 3.4.1 haben wir das am Beispiel einer Differentialgleichung erster Ordnung gerechnet. Hier geht es um ein Differentialgleichungssystem dritter Ordnung. Der folgende Abschnitt beschreibt die Modellierung im Zustandsraum und ist für das Verständnis

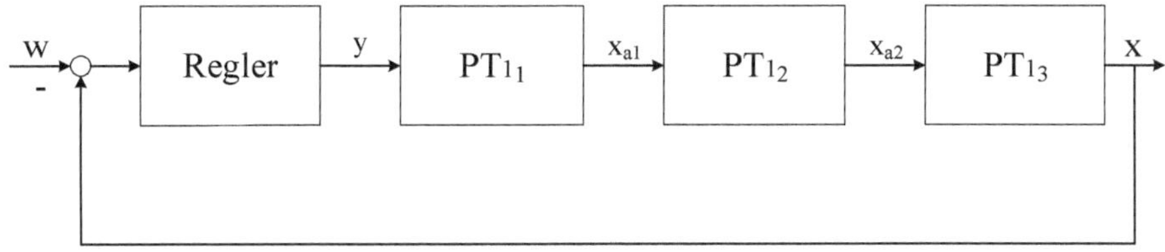

Abb. 3.20 Signalflussplan für den Beispielregelkreis

der Regelung nicht erforderlich. Wer sich also nur für die Regelung interessiert, kann gleich
in Abschn. 3.6.2.2 weiter lesen.

Die einzelnen PT_1-Glieder werden jeweils durch die Differentialgleichung 3.8 beschrieben. Der Eingang des ersten Systems ist die Stellgröße. Es gilt also $x_{e_1} = y$. Der Ausgang
des letzten Systems ist die Regelgröße. Es gilt also $x = x_{a_3}$. Damit ergeben sich die drei
voneinander abhängige Differentialgleichungen erster Ordnung.

$$T_{1_1} \cdot \dot{x}_{a_1} + x_{a_1} = K_1 \cdot y \tag{3.41}$$

$$T_{1_2} \cdot \dot{x}_{a_2} + x_{a_2} = K_2 \cdot x_{a_1} \tag{3.42}$$

$$T_{1_3} \cdot \dot{x} + x = K_3 \cdot x \tag{3.43}$$

Für die Behandlung in einem Numerikprogramm wird dieses Gleichungssystem in die
Zustandsdarstellung überführt

$$\begin{bmatrix} \dot{x}_{a_1} \\ \dot{x}_{a_2} \\ \dot{x} \end{bmatrix} = \begin{bmatrix} -\frac{1}{T_{1_1}} & 0 & 0 \\ \frac{K_2}{T_{1_2}} & -\frac{1}{T_{1_2}} & 0 \\ 0 & \frac{K_3}{T_{1_3}} & -\frac{1}{T_{1_3}} \end{bmatrix} \cdot \begin{bmatrix} x_{a_1} \\ x_{a_2} \\ x \end{bmatrix} + \begin{bmatrix} \frac{K_1}{T_{1_1}} \cdot y \\ 0 \\ 0 \end{bmatrix} \tag{3.44}$$

Der Ausgang der Strecke entspricht dann dem dritten Element des Zustandsvektors. Der
Eingang wird auf den ersten Zustand aufgeschaltet.

Mit dem Scilab-Code aus Listing 3.3 wird diese Differentialgleichung in Zustandsdarstellung schrittweise simuliert. Durch Auskommentieren einzelner Zeilen lassen sich verschiedene Simulationen durchführen. Kommentiert man Zeile 93 aus und lässt Zeile 95
ausführen, indem man dort den Kommentar entfernt, ergibt sich die in Abb. 3.21 gezeigte
Sprungantwort der Strecke. Die Zeilen 44 bis 68 enthalten Regelparameter für verschiedene
Reglerstrukturen (P/PID) bei verschiedenen Auslegungen. Die jeweils letzte nicht auskommentierte Auslegung wird in der Simulation berechnet. So können die Abbildungen aus
Abschn. 3.6.2.5 und 3.6.2.7 nachsimuliert werden.

Listing 3.3 Scilab Code für die Simulation des Regelkreises aus Abb. 3.20

```
// Regelkreis aus 3 in Reihe geschalteten, unterschiedlich
    schnellen PT1-Gliedern mit PID-Regler
```

```scilab
// Signalfluss
// e = w - h in Regler ==> y
// y wirkt auf 3 in Reihe geschaltete PT1

// Differentialgleichung der Strecke im Zustandsraum
function xdot=Strecke(t,x)
    xdot = S_Matrix * x + u_vektor;
endfunction

// Parameter der drei PT1
K1 = 1; T11 = 0.1;
K2 = 2; T12 = 1.5;
K3 = 0.7; T13 = 8;

// Zustandsraumdarstellung
//              Xa1   Xa2   Xa3   e_I
S_Matrix = [ -1/T11 0     0     0;
              K2/T12 -1/T12 0     0;
              0      K3/T13 -1/T13 0;
              0      0     0     0];

// Sprungfunktion
function w = Sprung(t)
    if(t < 1) then
        w = 0;
    else
        w = 1;
    end
endfunction

// Zeitskala der Simulation
t=0:0.01:40;

// Initialisieren des Simulationsergebnisses
y=t-t; x=y-y; w=y-y; e=y-y;
y_p=y-y; y_i=y-y; y_d=y-y;

//Startwerte fuer t und h festlegen
t0 = 0; x0 = [0; 0; 0; 0];
ist = 0; e_i = 0; e_d = 0;

// Regelparameter nach Ziegler Nichols
// Fuer Ziegler Nichols KPKrit ~70, TKrit = 2.4
KPkrit = 70; Tkrit = 2.4;

// P-Regler
KP = 0.5 * KPkrit; KI = 0; KD = 0;

// PID-Regler
```

```
KP = 0.6 * KPkrit; TN = 0.5 * Tkrit; TV = 0.12 * Tkrit;
// Umrechnen TV, TN in KD, KI
KI = KP / TN; KD = KP * TV;


// Regelparameter nach Chien-Hrones-Reswick nach Tabelle fuer
    Fuehrungsverhalten
// Aus Sprungantwort abgelesen (siehe Code PT1Tt-Modell unten)
K  = 1.4 ; T = 8.2903021; Tt = 2.3779267;
KS = K*Tt/T;


// P-Regler
KP = 0.3/KS; KI = 0; KD = 0;


// PID-Regler
KP = 0.6/KS; TN = T; TV = 0.5 * Tt;


// Parameter fuer Ermitteln der kritischen Verstaerkung bei
    Ziegler-Nichols
// KP=70; KI = 0; KD = 0;


// Umrechnen TV, TN in KD, KI
KI = KP / TN; KD = KP * TV;


// Schrittweise Simulation
N=size(t); N=N(2);
for i=1:N

    // Anregung
    soll = Sprung(t(i));
    w(i) = soll;

    // Regler
    e(i) = w(i) - ist;
    y_p(i) = KP * e(i);
    y_i(i) = KI * e_i;
    y_d(i) = KD * e_d;
    y(i) = KP * e(i) + KI * e_i + KD * e_d;

    // Simulation fuer einen Zeitschritt
    // u_vektor ist die Anregung auf die Strecke im Zustandsraum
    // e(i) wird als weiterer Zustand mitgefuehrt fuer den I-
        Anteil im Regler

    // das ist fuer den geschlossenen Kreis
    u_vektor = [K1/T11*y(i); 0; 0; e(i)];
    // das ist fuer die Strecke an w
    // u_vektor = [K1/T11*w(i); 0; 0; e(i)];

    x1=ode(x0,t0,t(i),Strecke);
```

```scilab
    // Umkopieren der Ergebnisse; w, e, y war schon oben; hier
        noch x
    x(i) = x1(3);


    // Kniff fuer I-Anteil im Regler: der zusaetzlich einfeuhrte
        Zustand integriert die Regeldifferenz
    e_i = x1(4);
    // D-Anteil aus numerischem Differenzieren der Regeldifferenz
    if(i>1) then
        e_d = (e(i)-e(i-1))/(t(2)-t(1));
    else
        e_d = 0;
    end


    // Startwerte fuer naechste Iteration
    ist = x(i);
    x0 = x1;
    t0 = t(i);


end


// aus kosmetischen Gruenden Zeit um 1 sec verschieben, wenn
    noch nicht geschehen
if(t(1) == 0)
    t = t - 1;
end


// Plot fuer w und x
subplot(211); plot(t,w,'r',t,x,'b:');
// Grafikparameter
xgrid(); xtitle("","$t$","$w$,$x$"); a=get("current_axes");
a.data_bounds=[0,min(e);max(t),1.1*max(y)]; f=get("
    current_figure");
f.children(1).children.children.thickness=2; legend('$w$','$x$'
    );


// Plot fuer e und Anteile des Reglers
subplot(212);
plot(t,e,'r',t,y,'b',t,y_p,'g:',t,y_i,'b:',t,y_d,'r:');
// Grafikparameter
xgrid(); xtitle("","$t$","$e$,$y$"); a=get("current_axes");
a.data_bounds=[min(t),min(y_p);max(t),max(y_p)];
f=get("current_figure");
f.children(1).children.children.thickness=2;
legend('$e$','$y$','$y_P$','$y_I$','$y_D$');
```

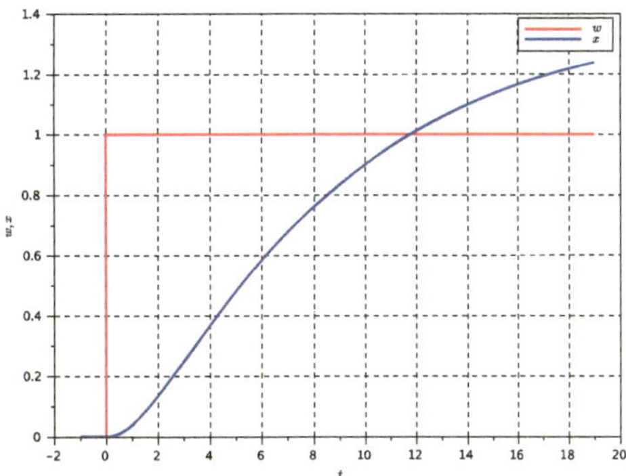

Abb. 3.21 Sprungantwort der Regelstrecke des Beispielregelkreises

3.6.2.2 Ein Beispiel – P-Regler

Wenn wir den Regelkreis mit einem P-Regler schließen, ergeben sich für unterschiedliche Werte von K_P die Sprungantworten in Abb. 3.22.

3.6.2.3 Stabilität

Wir haben erkannt, dass ein P-Regler eine bleibende Regelabweichung hat, weil die von ihm ausgegebene Stellgröße direkt proportional zur Regeldifferenz ist. Bei $e \rightarrow 0$ kann er nur dann Stellgrößen ausgeben, die nicht verschwinden, wenn gilt $K_P \rightarrow \infty$. Große Regelverstärkungen sind also besser als kleine.

Wenn man diesen Gedanken in der Praxis anwendet, muss man schnell feststellen, dass die Regelkreise beim „Aufdrehen" der Verstärkung anfangen zu schwingen. Bei steigender Verstärkung klingen diese Schwingungen zunächst noch mit der Zeit ab, aber ab einer kritischen Grenze wächst die Amplitude stetig an, bis die Stellgröße zwischen der oberen und unteren Stellgrenze pendelt.

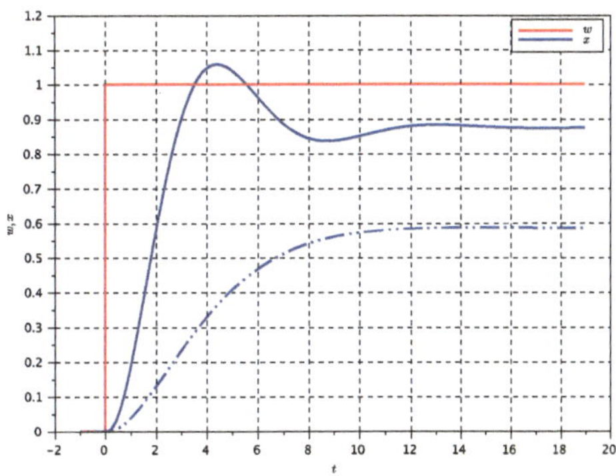

Abb. 3.22 Sprungantwort des geschlossenen Regelkreises für $K_P = 1$ (gepunktet) und $K_P = 5$

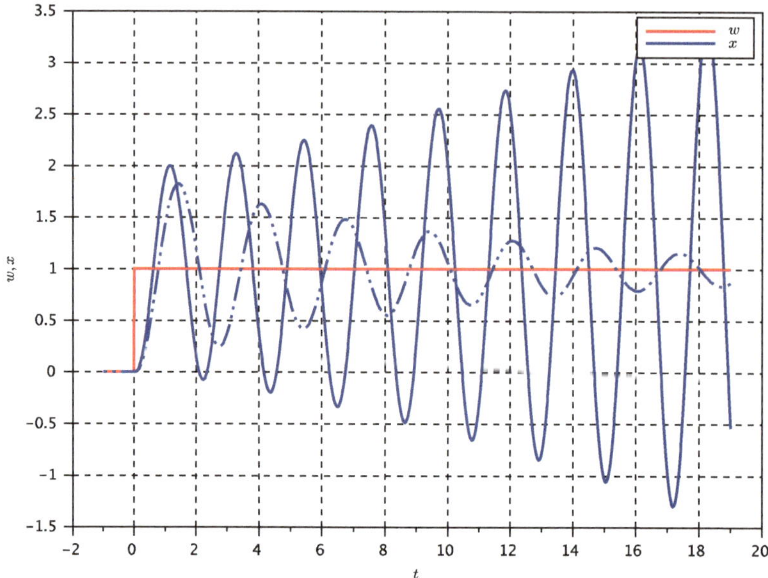

Abb. 3.23 Sprungantwort des geschlossenen Regelkreises für $K_P = 50$ (gepunktet) und $K_P = 80$

Ein Regelkreis, der dieses Verhalten zeigt, wird als nicht stabil bezeichnet. Umgekehrt gilt:

Ein Regelkreis ist **stabil**, wenn nach einer endlichen Erregung durch Führungs- oder Störsignale seine Regelgröße endlich bleibt. Verschwindet diese Erregung, dann klingt die Regelgröße gegen Null ab.

Abb. 3.23 zeigt den Übergang vom stabilem zu instabilem Verhalten bei unserem Beispielregelkreis.

Für den praktischen Einsatz muss ein Regelkreis so parametriert werden, dass er stabil ist. Diese Forderung führt im allgemeinen zu einem Konflikt mit den dynamischen Anforderungen, die in Abschn. 3.2 vorgestellt wurden.

Die fortgeschrittene Regelungstechnik kennt viele Verfahren, die versprechen, den Zielkonflikt aufzulösen. Praktisch alle diese Verfahren verlangen eine aufwendige physikalische Modellierung. Im Folgenden werden zwei einfache Verfahren vorgestellt, die durch einfache Messungen an der Regelstrecke zu einem befriedigenden Verhalten des Regelkreises führen.

3.6.2.4 Einstellregeln nach Ziegler und Nichols

Dieses experimentelle Verfahren zur Reglerparameter-Bestimmung eignet sich besonders in Zusammenhang mit linearen Regelstrecken, die ein stark verzögertes, aperiodisches P-Verhalten (S-förmiger Verlauf der Übergangsfunktion) aufweisen, deren mathematische Systembeschreibung jedoch nicht bekannt ist.

Abb. 3.24 Bestimmen von $K_{P_{krit}}$ und T_{krit} anhand des Zeitschriebes der Regelgröße

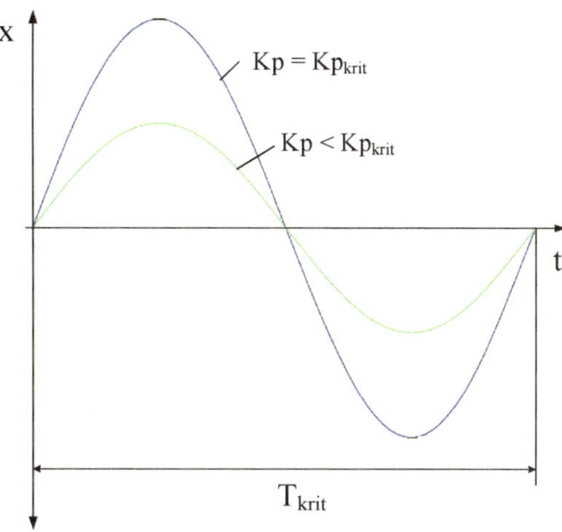

Tab. 3.3 Einstellregeln nach Ziegler-Nichols

Reglertyp	K_P	T_N	T_V
P	$0{,}5 \cdot K_{P_{krit}}$		
PI	$0{,}45 \cdot K_{P_{krit}}$	$0{,}85 \cdot T_{krit}$	
PID	$0{,}6 \cdot K_{P_{krit}}$	$0{,}5 \cdot T_{krit}$	$0{,}12 \cdot T_{krit}$

Ziegler und Nichols geben eine in die folgenden Schritte gegliederte Methodik zur Dimensionierung der Reglerparameter an:

1. Die betreffende Regelstrecke betreiben wir zunächst mit einem reinen P-Regler mit veränderbarer Verstärkung K_P.
2. Die Reglerverstärkung K_P erhöhen wir im Experiment solange, bis der Regelkreis bei Erreichen eines Wertes $K_{P_{krit}}$ Dauerschwingungen (konstanter Amplitude) ausführt, Abb. 3.24.
3. Mit diesem $K_{P_{krit}}$ und der aus der Dauerschwingung $x(t)$ abgelesenen Periodendauer der Schwingung T_{krit} können entsprechend der in Tab. 3.3 angegebenen Regeln von Ziegler und Nichols die Parameter eines von uns auszuwählenden P-, PI- oder PID-Reglers dimensioniert werden.

Mit den Reglerparametern gemäß dieser Tabelle erhalten wir im Allgemeinen ein schwach gedämpftes Regelkreisverhalten, das näherungsweise als PT_2-Verhalten mit einer Dämpfung von $0{,}2 \leq d \leq 0{,}4$ beschrieben werden kann.

Die Ziegler-Nichols-Regeln eignen sich besonders für die Einstellung von Festwertregelungen, deren Hauptaufgabe im Ausregeln von Störgrößen besteht.

3.6.2.5 Ein Beispiel – Auslegung nach Ziegler und Nichols

Durch Ausprobieren in der Simulation finden wir $K_{P_{krit}} \approx 70$ und $T_{krit} \approx 2{,}4$.

Damit parametrieren wir zunächst einen P-Regler mit

$$K_P = 35 \tag{3.45}$$

$$K_I = 0 \tag{3.46}$$

$$K_D = 0 \tag{3.47}$$

Die Simulation des geschlossenen Regelkreises liefert die in Abb. 3.25 dargestellten Zeitverläufe. Die obere Grafik zeigt den Verlauf von w und x. Die untere Kurve zeigt den Verlauf von e, $y = y_P + y_I + y_D$ und den einzelnen Zweigen eines PID-Reglers, also y_P für den P-Zweig, y_I für den I-Zweig und y_D für den D-Zweig. Die beiden letzten Größen sind 0 und damit ist $y = y_P$.

Aufgrund der relativ hohen Verstärkung zeigt der Regelkreis in Abb. 3.25a eine deutliche Schwingneigung. Bei genauerem Hinsehen bleibt dennoch eine bleibende Regelabweichung (Abb. 3.25b).

Für einen PID-Regler kommen wir auf

$$K_P = 42 \tag{3.48}$$

$$K_I = 35 \tag{3.49}$$

$$K_D = 12{,}096 \tag{3.50}$$

Abb. 3.26 zeigt die entsprechenden Zeitverläufe. Obwohl die Verstärkung noch größer gewählt wurde als beim P-Regler, schwingt der Kreis dank des D-Anteils schneller ein.

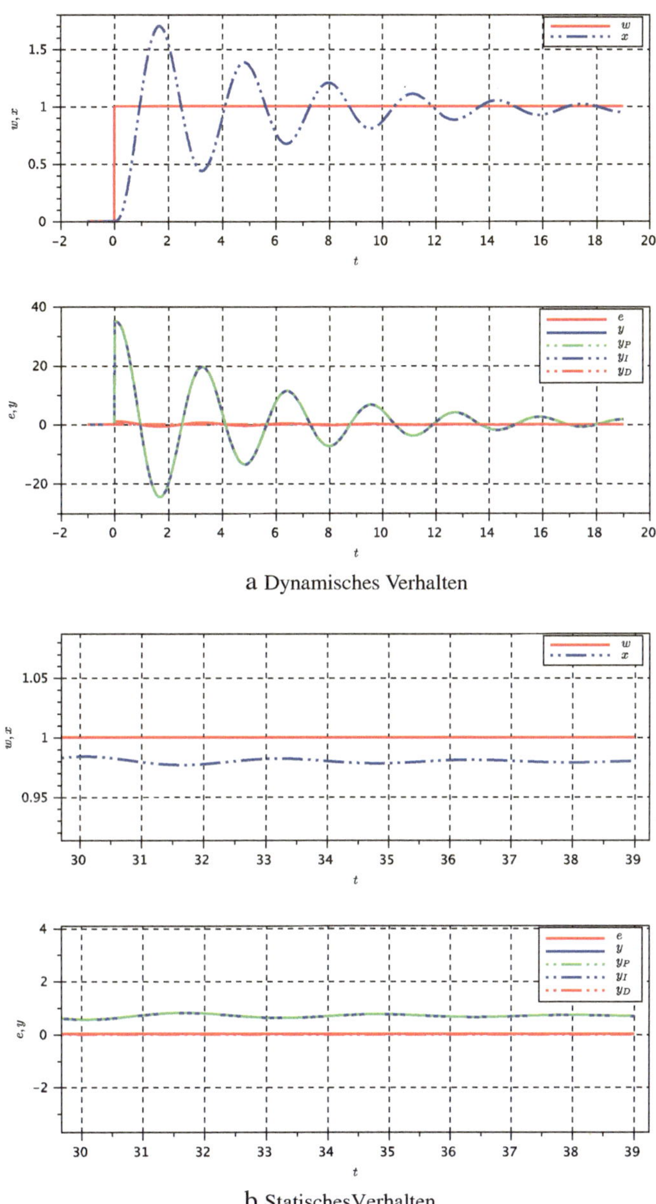

a Dynamisches Verhalten

b StatischesVerhalten

Abb. 3.25 Beispielregelkreis mit P-Regler nach Ziegler Nichols

Abb. 3.26 Beispielregelkreis
mit PID-Regler

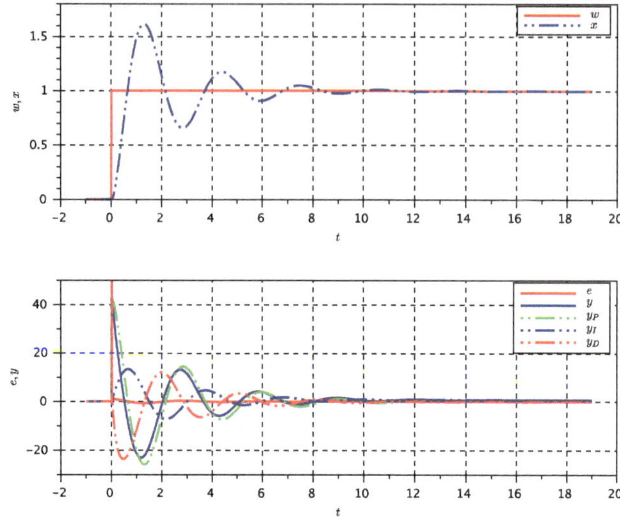

3.6.2.6 Reglerdimensionierung nach Chien, Hrones und Reswick

Nicht jede Regelstrecke darf bzw. kann, wie es beim Verfahren von Ziegler und Nichols
notwendig ist, innerhalb eines Regelkreises an die Stabilitätsgrenze gefahren werden. Dieser
Tatsache trägt die in diesen Abschnitt geschilderte Methode Rechnung. Sie stützt sich auf
die Parameter eines PT_1T_t-Modells mit den Parametern K, T_1 und T_t. Mit der Hilfsgröße

$$K' = K \cdot \frac{T_t}{T_1} \tag{3.51}$$

sowie der (Ersatz-)Totzeit T_t und (Ersatz-)Zeitkonstante T_1 können nach Tab. 3.4 Reglerparameter für günstiges Führungs- oder Störverhalten berechnet werden. Die angegebenen
Parametersätze von Chien, Hrones und Reswick garantieren ein aperiodisches Einschwingen
kürzester Dauer.

Tab. 3.4 Einstellregeln basierend auf Ersatzkenngrößen der Strecken-Übergangsfunktion

Reglertyp	Auslegung auf Führungsverhalten			Auslegung auf Störverhalten		
	K_P	T_N	T_V	K_P	T_N	T_V
P	$\frac{0,3}{K'}$			$\frac{0,3}{K'}$		
PI	$\frac{0,35}{K'}$	$1,2 \cdot T_1$		$\frac{0,6}{K'}$	$4 \cdot T_t$	
PID	$\frac{0,6}{K'}$	$1 \cdot T_1$	$0,5 \cdot T_t$	$\frac{0,95}{K'}$	$2,4 \cdot T_t$	$0,42 \cdot T_t$

3.6.2.7 Beispiel – Auslegung nach Chien, Hrones und Reswick

Aus dieser Sprungantwort bestimmen wir nach dem Verfahren aus Abschn. 3.4.3.2 ein PT_1T_t-Modell mit den Parametern

$$K = 1,4 \tag{3.52}$$

$$T_1 = 8,2903021 \tag{3.53}$$

$$T_t = 2,3779267 \tag{3.54}$$

Damit parametrieren wir zunächst einen P-Regler mit

$$K_P = 0,7470766 \tag{3.55}$$

$$K_I = 0 \tag{3.56}$$

$$K_D = 0 \tag{3.57}$$

Die Simulation des geschlossenen Regelkreises liefert die in Abb. 3.27 dargestellten Zeitverläufe.

Bei dieser sehr niedrigen Verstärkung schwingt der Regelkreis deutlich weniger, als bei der in Abb. 3.25 gezeigten Auslegung nach Ziegler-Nichols. Wie zu erwarten, ergibt sich aber eine bleibende Regelabweichung von etwa 50 %.

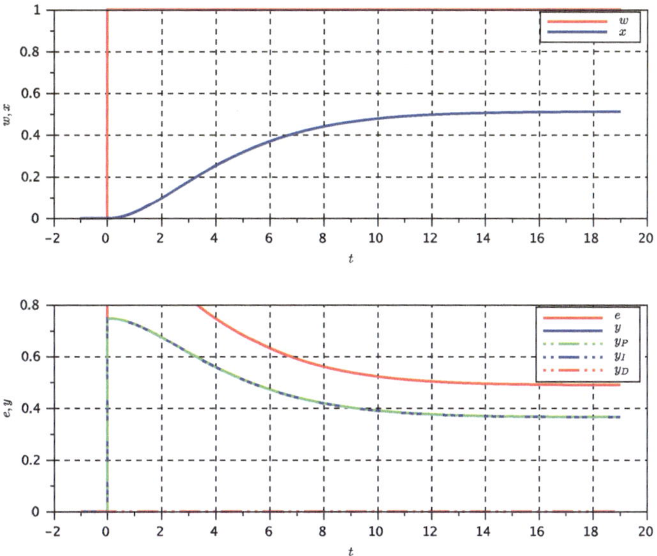

Abb. 3.27 Beispielregelkreis mit P-Regler nach Chien, Hrones und Reswick

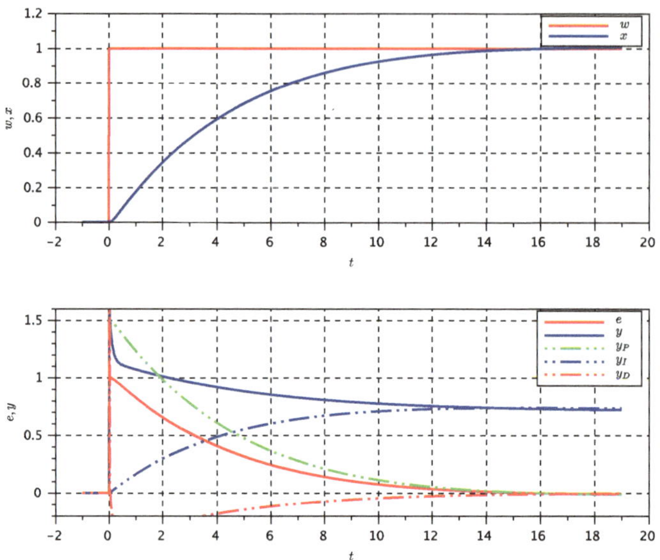

Abb. 3.28 Beispielregelkreis mit PID-Regler nach Chien, Hrones und Reswick

Für einen PID-Regler kommen wir auf

$$K_P = 1{,}4941531 \tag{3.58}$$

$$K_I = 0{,}1802290 \tag{3.59}$$

$$K_D = 1{,}7764933 \tag{3.60}$$

Abb. 3.28 zeigt die entsprechenden Zeitverläufe. Es ist sehr schön zu erkennen, wie bei abnehmendem y_P y_I immer weiter zunimmt, so dass die Regelabweichung allmählich verschwindet. Da die Regeldifferenz schnell abnimmt, wirkt der D-Anteil y_D anfangs sogar gegenläufig zum P-Anteil. Dadurch kann K_P größer gewählt werden, so dass der geschlossene Kreis schneller reagiert.

3.7   Komplexere Regelkreise

Für viele praktische Probleme ist der bisher dargestellte einschleifige Regelkreis nicht optimal geeignet, weil er intuitiv gut zugängliche Strukturen nicht abbilden kann.

Dazu ein Beispiel: Bei einer Lageregelung soll die Lage, also die Position oder die zurückgelegte Strecke geregelt werden. Um die Lage zu verändern ist eine Geschwindigkeit nötig. Diese kann einfach gemessen oder aus der gemessenen Lage berechnet werden. Die Geschwindigkeit ergibt sich aus der Beschleunigung bzw. dem Drehmoment des Motors. Dieses ist beim Elektromotor proportional zum ebenfalls leicht zu messenden Strom.

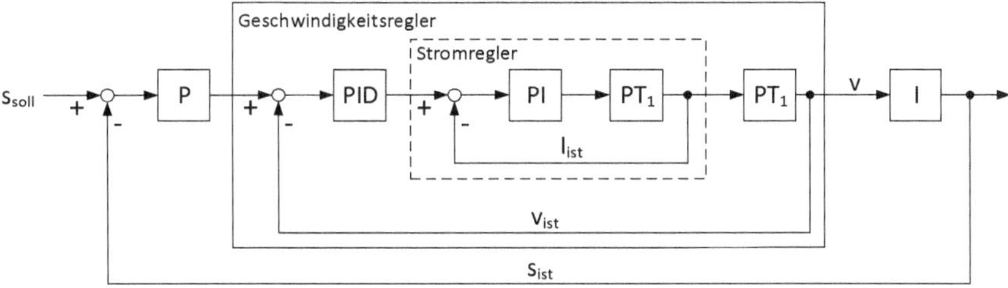

Abb. 3.29 Kaskadierter Lageregelkreis

Es ergibt sich also eine *Kaskadenstruktur,* bei der eine Größe den Eingang für die nächste Größe darstellt. Diese Struktur wird über eine einzige Stellgröße, in unserem Beispiel den Motorstrom, beeinflusst. Mit etwas Überlegung können wir die drei in Abb. 3.29 gezeigten Regelkreise bilden: Der Stromregler im innersten Regelkreis bildet die Strecke für den Geschwindigkeitsregler im mittleren Regelkreis. Dieser bildet wiederum die Strecke für den Lageregler. Die einzelnen Regelkreise werden von „innen nach außen" entworfen.

Störgrößen können nicht beeinflusst, oft aber gemessen werden. Diese Messung, oder auch eine (grobe) Schätzung, kann im Regelkreis verwendet werden. Die Klimasteuerung im Auto könnte beispielsweise schon mit dem Kühlen beginnen, sobald sie Sonneneinstrahlung misst, und somit dem Aufheizen, das sich später in der Regelgröße auswirken wird, frühzeitig entgegenwirken. Abb. 3.30 zeigt die Struktur: Die Störgröße wird mit einer (einfachen) Rechenvorschrift bewertet und auf den Ausgang des Reglers addiert. Eine derartige *Störgrößenaufschaltung* nutzt also Daten, die der Regler nur mittelbar zur Verfügung hat. Sollte die Schätzung oder die Rechenvorschrift nicht optimal passen, wird der Regler das ausgleichen.

Abb. 3.31 zeigt, dass man auch Wissen über den (zukünftigen) Verlauf der Führungsgröße verwenden kann, um den Regler zu unterstützen: Bei der *Sollwertfilterung* bemüht man sich, den Sollwert so zu filtern, dass der Regelkreis nicht ungünstig angeregt wird, indem man beispielsweise steile Flanken oder Sprünge, denen der Regelkreis nicht folgen kann, durch Rampen ersetzt. Bei der *Vorsteuerung* addiert man eine Hilfsgröße zum Reglerausgang. So kann man bei Sollwertsprüngen vorübergehend eine große Stellgröße realisieren und dennoch eine kleine Regelverstärkung beibehalten.

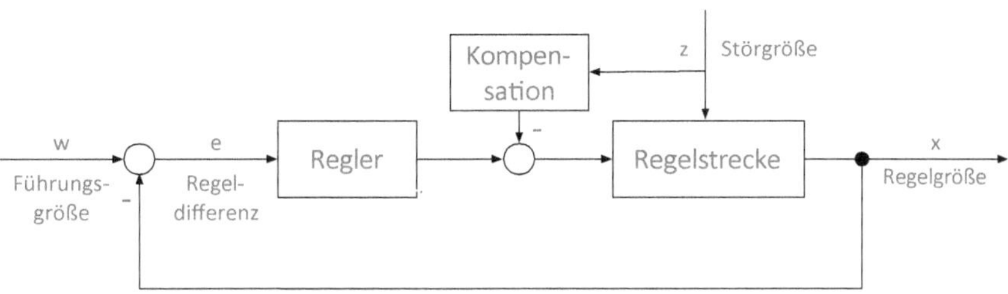

Abb. 3.30 Heizungsregelung mit Störgrößenaufschaltung

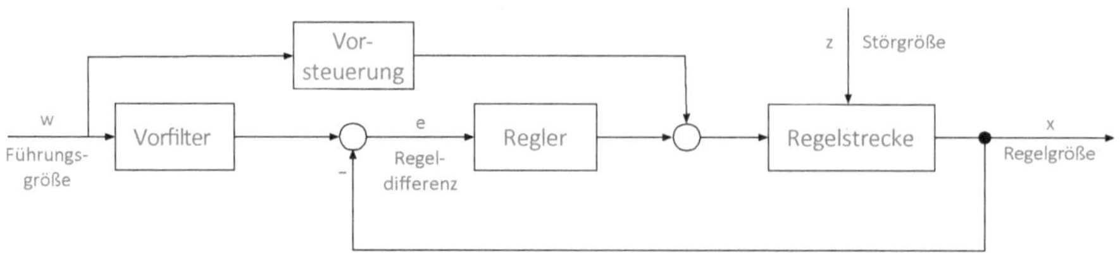

Abb. 3.31 Regelkreis mit Vorsteuerung

Übungsaufgaben

(Lösungsvorschläge in Abschn. A.3)

Physikalische Modellbildung

Gegeben sei ein Raum mit Heizkörper und Fenster entsprechend Abb. 3.32.

Die Temperatur T_V des Heizkörpers soll so eingestellt werden, dass sich die gewünschte Raumtemperatur T_R einstellt. Zur Vereinfachung werden die Wärmeverluste durch das Fenster vernachlässigt und zusätzlich angenommen, dass die Temperatur im ganzen Raum gleich ist.

Abb. 3.32 Raum mit Heizung

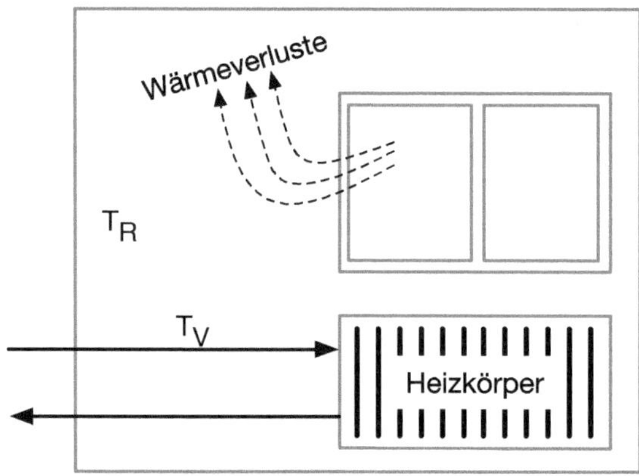

Die wesentlichen Größen und Parameter des Systems sind in der folgenden Tabelle zusammengestellt.

	Wert	Beschreibung
T_V	$°C$	Vorlauftemperatur
T_R	$°C$	Raumtemperatur
Q	J	Wärmemenge
$\frac{dQ}{dt}$	$\frac{J}{s}$	Wärmestrom
W	$0{,}14\frac{kJ}{°K \cdot s}$	Wärmewiderstand zwischen Heizkörper und Raumluft
c	$1{,}0\frac{kJ}{kg \cdot °K}$	Spezifische Wärmekapazität der Luft im Raum
m	$64{,}6\mathrm{kg}$	Masse der Luft im Raum

3.1 Entwickeln Sie eine Differentialgleichung für den Zusammenhang zwischen $T_R(t)$ (Ausgang) und $T_V(t)$ (Eingang)!

3.2 Lassen Sie die Lösung der Differentialgleichung für sprungförmige Anregung in Scilab berechnen und skizzieren Sie den Zeitverlauf von $T_V(t)$ und $T_R(t)$!

Ersatzmodelle

3.3 Beantworten Sie für die Zeitverläufe in Abb. 3.33 folgende Fragen:
1. Handelt es sich um ein System mit oder ohne Ausgleich?
2. Handelt es sich um ein System erster oder zweiter/höherer Ordnung?
3. Handelt es sich um ein schwingendes System?

3.4 Wählen Sie für die Zeitverläufe a), b) und c) aus Abb. 3.33 jeweils ein geeignetes Modell und bestimmen Sie dessen Parameter!

3.5 Für eine Regelstrecke wurde die in Abb. 3.34 dargestellte *Impulsantwort* gemessen.
Bestimmen Sie die Parameter K_S und T_S für ein Ersatzmodell mit folgender Übertragungsfunktion.

$$F_S = \frac{K_S}{s \cdot (1 + T_S \cdot s)} \tag{3.61}$$

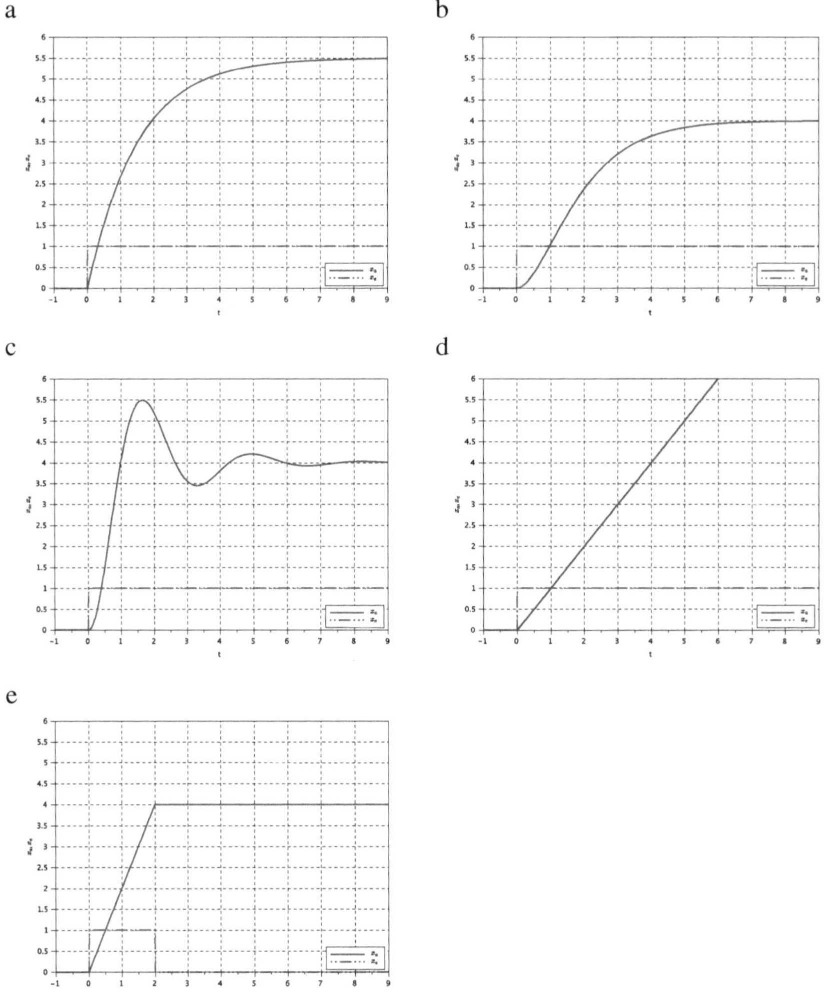

Abb. 3.33 Zeitverläufe **a** bis **e** zu Aufgabe 3.3

Dimensionierung des Stellglieds

3.6 Der Zeitverlauf a) aus Abb. 3.33 beschreibt Stellglied, Strecke und Messeinrichtung eines Regelkreises. Der Ausgang x_a ist dabei beschränkt auf $-20 \leq x_a \leq 20$.

1. Welche maximale und minimale Eingangsgröße ist bei diesen Beschränkungen sinnvoll?
2. Was ist die maximale und minimale Führungsgröße, die im geschlossenen Regelkreis erreicht werden kann?

Abb. 3.34 Impulsantwort der
Regelstrecke

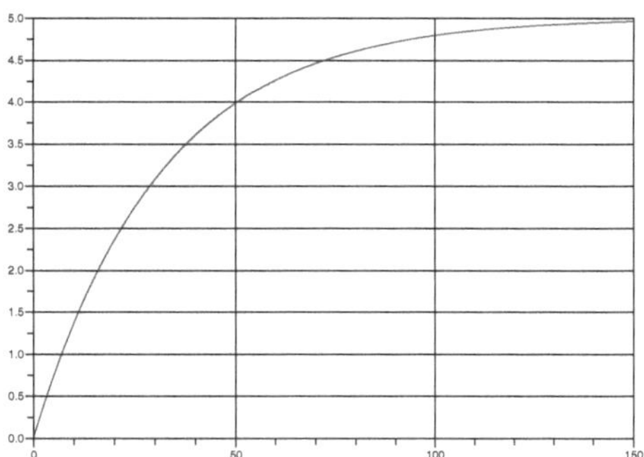

3. Welche Anregelzeit $t_{5\%,an}$ kann im geschlossenen Regelkreis bei einer Führungsgröße
   von 1 im besten Fall erreicht werden?

Zweipunktregler

3.7 Gegeben sei ein Regelkreis mit Zweipunktregler und Hysterese. Skizzieren Sie den
prinzipiellen Verlauf der Sprungantworten:

1. für einen Sprung von 0 auf 1 mit einer frei gewählten Hysteresebreite > 0!
2. für einen Sprung von 0 auf 3 mit der gleichen Hysteresebreite!
   Zeichnen Sie 1. und 2. in eine Skizze! Stellen Sie auch die jeweiligen Hysterese-Grenzen
   deutlich erkennbar dar!
3. Skizzieren Sie die Grafik für 1. erneut, jedoch mit der halben Hysteresbreite!

Kontinuierlicher Regler

Wir betrachten einen Regelkreis entsprechend Abb. 3.35.

Die Parameter für ein $PT_1 T_t$-Ersatzmodell der Strecke wurden durch mehrere Messungen
bestimmt.

Die Parameter schwanken je nach Beladung des Systems.

$$5 \leq K \leq 10$$
$$T_1 = 4$$
$$T_t = 0,1$$

3.8 Die Ausgangsgröße des Reglers ist beschränkt auf $|u| \leq 10$. Welchen Wertebereich
kann die Regelgröße x bei dieser Beschränkung und $z = 0$ im Worst-Case abdecken?
(Begründung!)

Abb. 3.35 Wirkzusammenhang
beim kontinuierlichen Regler

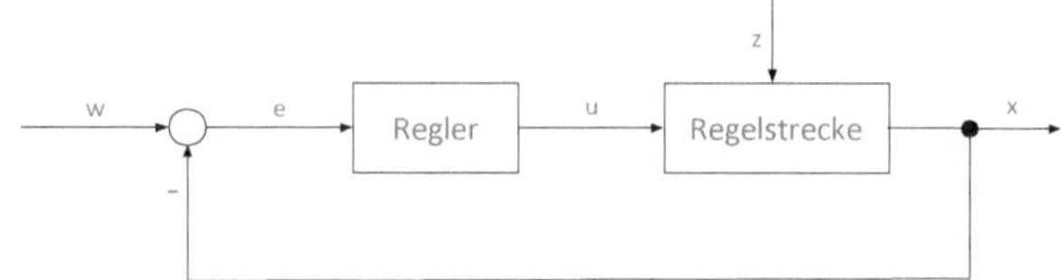

3.9 Entwerfen Sie für dieses System nach dem Verfahren von Chien, Hrones und Reswick
einen *möglichst einfachen* Regler, sodass

1. der geschlossene Regelkreis stabil ist
2. für die bleibende Regelabweichung gilt: $x_{d_\infty} = 0$
3. keinerlei Überschwingen auftritt ($\ddot{u} = 0$)
a) Wählen Sie zunächst den Reglertyp! Begründen Sie Ihre Auswahl!
b) Welche der Grenzen von K ist kritisch im Hinblick auf
    a. die Stabilität des geschlossenen Regelkreises
    b. die bleibende Regelabweichung
    c. das Überschwingen
    Begründen Sie Ihre Einschätzung!
c) Geben Sie Parameter für Ihren Regler im Worst-Case an!

Literatur

1. Mann, H., Schiffelgen, H., Froriep, R.: Einführung in die Regelungstechnik, 10. Aufl. Hanser,
München (2005)

Dieses Kapitel stellt anhand praktischer Beispiele im Kontext moderner Fertigungs- und Montagezellen vor, wie die Methoden aus den vorherigen Kapiteln angewendet werden.

Regler (Kap. 3) werden dabei meist als Black-Box betrachtet und aus den Ablaufsteuerungen während des Ablaufs mit verschiedenen Sollwerten beaufschlagt. In manchen Fällen werden die Regelkreise im Ablauf auch geöffnet, die Regler also abgeschaltet, oder mit je nach Schritt im Ablauf verschiedenen Parametersätzen versorgt.

4.1 Grundlegende Steuerungsfunktionalitäten im (Sonder-)Maschinenbau

Die Steuerungen nach Kap. 2 und dabei besonders die Ablaufsteuerungen spielen die Hauptrolle in Sondermaschinen und Werkzeugmaschinen. Hier geht es meist darum, komplexe, ineinander verzahnte Abläufe darzustellen. Neben den eigentlichen Abläufen, die für jede Maschine anders sind, gibt es Gemeinsamkeiten, die im Einzelfall meist gar nicht spezifiziert werden, weil sie als „selbstverständliche" Grundfunktionalität gesehen werden.

4.1.1 Fehlerbehandlung

Die wohl wichtigste „selbstverständliche" Grundfunktionalität ist die Fehlerbehandlung. Das Steuerungsprogramm soll dabei Probleme der Anlage erkennen, im Fall eines erkannten Problems den Anlagenbediener möglichst präzise über das Problem informieren und den Anlagenbetrieb möglichst aufrecht erhalten.

© Springer Fachmedien Wiesbaden GmbH, ein Teil von Springer Nature 2019
V. Plenk, *Grundlagen der Automatisierungstechnik kompakt,*
https://doi.org/10.1007/978-3-658-24469-9_4

Probleme können durch Fehlbedienung oder Fehler in der Anlage entstehen. Eine Fehlbedienung wäre beispielsweise eine nicht geschlossene Abdeckung oder fehlendes bzw. falsches Material. Ein Fehler in der Anlage könnte beispielsweise ein defekter Sensor sein.

Die Fehlerbehandlung steht im Spannungsfeld zwischen Verfügbarkeit und Zuverlässigkeit. Mit *Verfügbarkeit* ist gemeint, dass die Anlage in einem bestimmten Zeitraum nutzbar ist. Bei der *Zuverlässigkeit* geht es darum, dass die Anlage möglichst keine Fehlteile produziert. Veranschaulichen wir uns das mit einem überspitzten Beispiel: Wenn ein Auto nicht mehr angelassen werden kann, weil es Ölmangel im Motor detektiert, ist es nicht verfügbar, aber zuverlässig.

4.1.1.1 Fehlererkennung

Bevor der Fehler behandelt werden kann, muss er zunächst erkannt werden. Die Fehlererkennung verlangt Kreativität vom Programmierer. Grundlegende Ansätze sind

1. das Ansprechen (extra eingebauter) Sensoren, wie Türkontakte oder Detektoren für Teile
2. das Erkennen „unlogischer" Zustände wie in den Zeilen 4 und 8 der Wahrheitstabelle aus Abb. 1.3
3. zu langes Verweilen in einem Zustand (Timeout)

Die im ersten Punkt angesprochenen extra eingebauten Sensoren zur Fehlererkennung werden in der Praxis eher sparsam eingesetzt, denn ein derartiger Sensor muss beschafft, montiert und justiert werden. Unabweisbare Gründe für deren Einsatz liegen im Schutz von Mensch, wie Lichtgitter in Aufzugtüren, oder Maschine, wie bei der Überwachung der Kühlwassertemperatur im Auto. Sensorik zum Schutz von Menschen fällt im Allgemeinen in die Kategorie „sicherheitsgerichtete Bauteile" und unterliegt strenger Regulierung, auf die hier nicht eingegangen wird.

Die beiden anderen Ansätze erlauben die Fehlererkennung ohne zusätzliche Kosten für Sensor, Montage und Justage und werden daher gerne genutzt.

„Unlogische" Zustände, wie gleichzeitig ansprechende linke und rechte Endlagengeber oder hohe Temperaturwerte trotz abgeschalteter Heizung, lassen sich bei einigem Nachdenken über die kombinatorischen Möglichkeiten als spezielle Kombination der binären Eingänge erkennen.

Die Überwachung des zeitlichen Verhaltens des Ablaufs liefert weitere Ansatzpunkte zur Fehlererkennung. Typische Ansatzpunkte sind Schritte, in denen Ausgänge geschaltet und dann im Schritt verweilt wird, bis ein oder mehrere Eingänge angesprochen haben. Beim Scheibenwischer entsprechend Abb. 1.8 sollte das Wischen nur eine bestimmte Zeit dauern und damit die Steuerung nicht länger als diese Zeit in den Schritten `Wischen rechts` oder `Wischen links` bleiben. Wenn die Steuerung länger als die festgesetzte Zeit in einem der Schritte verharrt, ist wahrscheinlich der Sensor, der ansprechen soll, oder der

Netzwerk1:Timeout

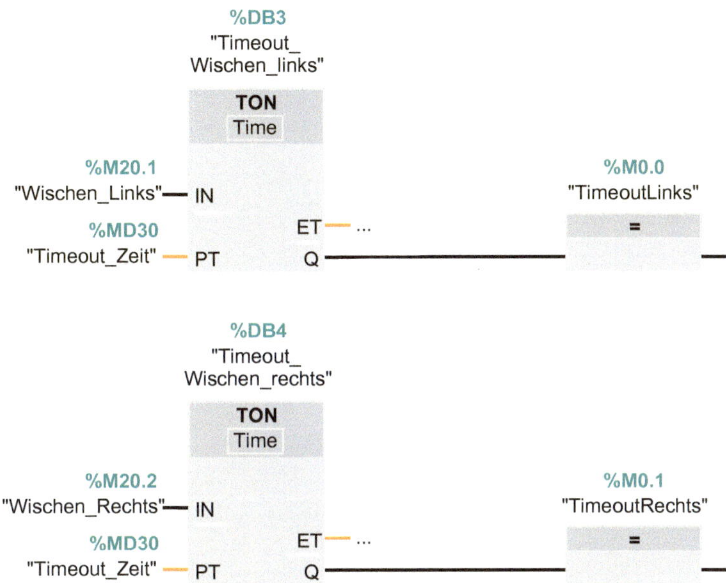

Abb. 4.1 FUP-Code für das Erzeugen eines Timeouts als Ergänzung zu Abb. 2.10

zugehörige Aktor defekt oder der mechanische Weg blockiert. Abb. 4.1 zeigt eine entsprechende Ergänzung des Programms aus Abb. 2.10.

Die Zeitüberwachung erlaubt es, auch komplexe Fehler ohne zusätzliche Sensorik zu erkennen. Die einzige Hürde besteht darin, dass Vorgabezeiten für die zu überwachende Vorgangsdauer bestimmt werden müssen. Diese können beispielsweise bei der Inbetriebnahme der Anlage gemessen und dann in der Software abgelegt werden. Programmierer bezeichnen eine derartige Überwachung auch als „timeout".

Abb. 4.2a zeigt Programmcode, der die einzelnen Fehlerdetektoren zu einer Fehlerbedingung zusammenfasst. Wird diese Fehlerbedingung wahr, setzt die Fehlerbehandlung ein.

Für den Bediener bzw. das Wartungspersonal der Anlage ist es dabei von entscheidender Bedeutung, dass er erkennen kann, welcher Fehler aufgetreten, also welche der Fehlerbedingungen wahr geworden ist. Abb. 4.2b zeigt einen Ansatz, der die einzelnen Fehlerdetektoren zu einem Bitfeld, in dem jeder Fehlerbedingung ein Bit zugeordnet ist, zusammenfasst.

4.1.1.2 Fehlerbehandlung

Eifrige Entwickler denken bei der Fehlerbehandlung gerne an komplexe Ausweichstrategien, wie das Verwenden eines alternativen Fräsers nach dem Bruch des ursprünglich pro-

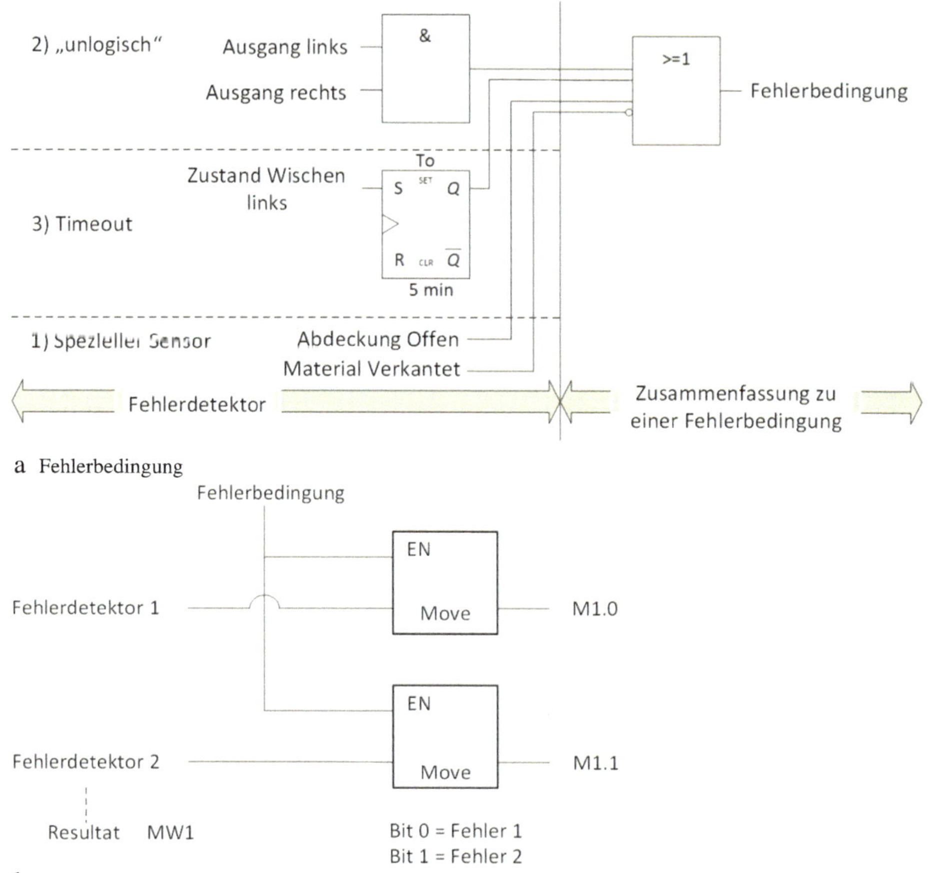

Abb. 4.2 Zusammenfassen von Fehlerdetektoren zu einer Fehlerbedingung

grammierten. Derartige Strategien sind bei hoch entwickelten, technisch reifen Produkten üblich. Moderne Autos etwa kennen einen als „limp-home-mode" bezeichneten Notfallbetrieb, in dem sie im Störfall nur noch einen Bruchteil der Motorleistung zur Verfügung stellen, aber noch bis zur Werkstatt fahren. Diese Strategien verlangen zunächst keinen Bedienereingriff, weil die Anlage ja weiter automatisch arbeitet, wenn auch mit reduzierter Funktionalität. Das ist möglich, solange keine Kernkomponente ausfällt.

Fällt doch eine Kernkomponente aus, muss eine andere, einfachere Strategie angewendet werden: Im Fehlerfall wird der automatische Ablauf unterbrochen und eine Fehlermeldung angezeigt. Damit wird der Bediener aufgefordert, den Fehler zu beheben. Dafür kann er die Anlage im Handmodus entsprechend Abschn. 4.1.3 bewegen. Nach der Fehlerbehebung hat der Bediener die Wahl, den automatischen Ablauf fortzusetzen oder die Anlage in den Startzustand zurückzusetzen.

Abb. 4.3a zeigt ein Zustandsdiagramm mit Fehlerbehandlung: Für jeden Schritt wird ein „Fehlerschritt" hinzugefügt, in den der Ablauf verzweigt, wenn die Fehlerbedingung wahr wird. Im Fehlerschritt werden die Ausgänge entsprechend gesetzt. Der Bediener kann den Fehlerschritt durch die Auswahl von `Continue` verlassen und den Ablauf fortsetzen oder durch `Reset` die Anlage in den Startzustand versetzen.

In den meisten Fällen gibt der Ablauf im Fehlerschritt die gleichen Ausgangswerte aus wie im zugehörigen Schritt. Damit wird die Anlage in der Stellung verharren, in der sie beim Auftreten des Fehlers war. Mit dieser Festlegung ergibt sich die vereinfachte Darstellung in Abb. 4.3b. Hier unterscheidet die Fehlerbehandlung zwischen einem „Überzustand", der

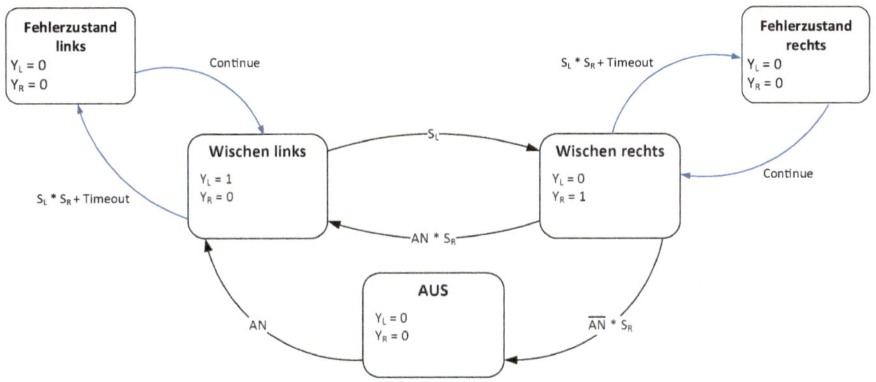

a Zustandsdiagramm

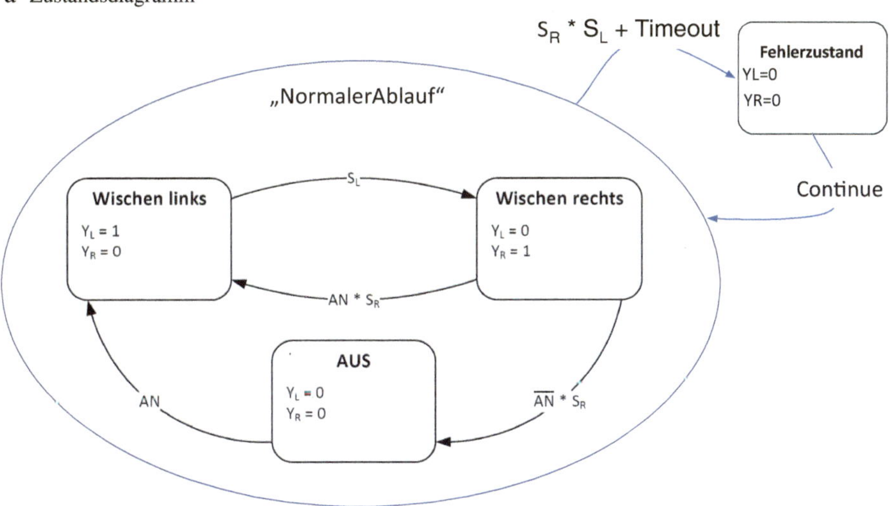

b vereinfachtes Zustandsdiagramm

Abb. 4.3 Das um Fehlerbehandlung erweiterte Zustandsdiagramm aus Abb. 1.8

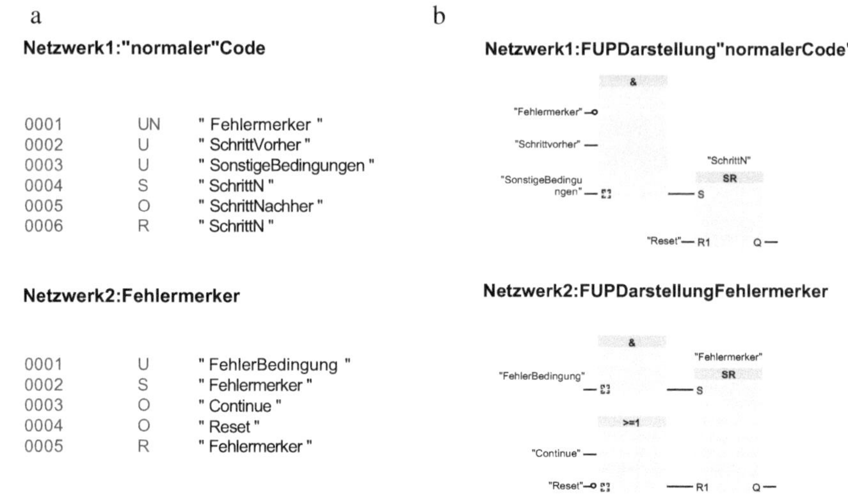

Abb. 4.4 Um Fehlerbehandlung erweiterte Schrittkette in **a** AWL und **b** FUP

den normalen Ablauf enthält, und dem Fehlerzustand, der keine Ausgangswerte schreibt. Eine derartige Lösung lässt sich programmtechnisch einfach umsetzen.

Abb. 4.4 zeigt das Vorgehen in AWL bzw. FUP:

1. Zunächst wird ein bisher nicht belegter Merker verwendet, der im Fehlerzustand gesetzt ist. Damit stellt der Fehlerzustand einen neuen Zustand dar.
2. Um nun die Schrittkette anzuhalten, werden alle Bedingungen zum Setzen des jeweiligen Folgeschritts mit dem Fehlerschritt verriegelt. Dazu wird der negierte Wert des Fehlermerkers mit der bisherigen Setz-Bedingung Und-verknüpft.

   Ist der Fehlermerker nicht gesetzt, schaltet die Kette wie vorher in den jeweils nächsten Schritt.

   Ist der Fehlermerker gesetzt, schaltet die Kette nicht mehr in den jeweils nächsten Schritt. Somit bleiben im Fehlerfall die Ausgangswerte erhalten, die dem Schritt zugeordnet sind, in dem der Fehler aufgetreten ist. Sollten andere Ausgangswerte gewünscht sein, müssen die Bedingungen in den Ausgangsschaltnetzen angepasst werden.

   a) Für eine Ausgabe von 0 wird der Fehlermerker invertiert und mit dem Ergebnis des Oder-Gatters Und-verknüpft.

b) Für eine Ausgabe von 1 ergänzen wir den Fehlermerker als zusätzlichen Eingang am Oder-Gatter.

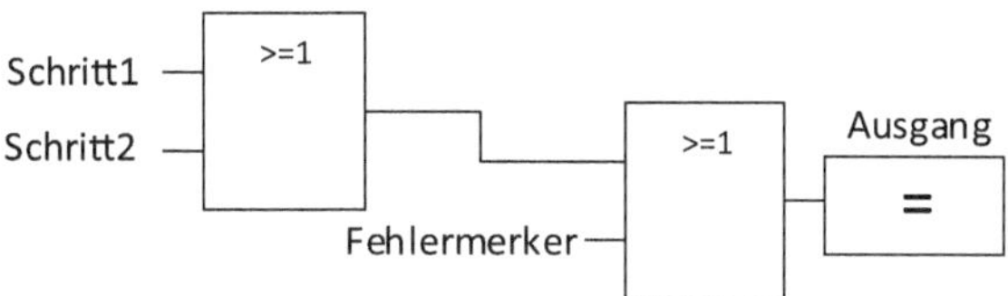

c) Für eine Ausgabe von 0 bei einem bestimmten Schritt ergänzen wir ein Und-Gatter vor dem Oder-Gatter und einen negierten Fehlermerker.

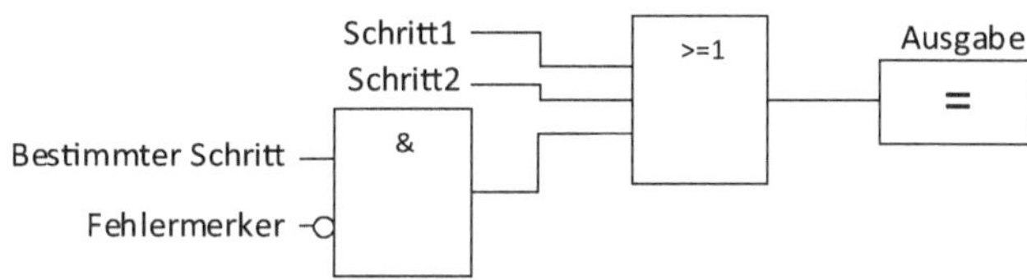

3. Der Fehlerzustand wird über eine Oder-Verknüpfung der Fehlerbedingungen gesetzt.

4. Im Fehlerzustand wird nun eine Fehlermeldung angezeigt und der Maschinenbediener aufgefordert, den Fehler zu beheben. Nach dem Beseitigen des Fehlers hat er üblicherweise zwei Wahlmöglichkeiten:

   a) `Continue`: Er kann den Betrieb an der Stelle fortsetzen, an der angehalten wurde. Dazu wird der Fehlermerker einfach gelöscht. So läuft die Schrittkette an der Stelle weiter, an der sie angehalten wurde.

      Diese Option wird in der Praxis bevorzugt, weil so die Teile in der Maschine verbleiben können und die Produktion einfach weiterlaufen kann.

   b) `Reset`: Er kann die Schrittkette in einen bestimmten Schritt zurücksetzen.

      Dafür muss die Setz-Bedingung für diesen Schritt erweitert werden: Eine Und-Verknüpfung des Bediensignals mit dem Fehlermerker wird mit der bisherigen Setz-Bedingung Oder-verknüpft.

      Zusätzlich löschen wir alle anderen Schritte, indem wir deren Rücksetz-Bedingungen mit der Und-Verknüpfung des Bediensignals mit dem Fehlermerker Oder-verknüpfen.

      In der Praxis werden wir in diesem Fall wohl zusätzliche Schritte in die Kette einbauen müssen, um die Maschine schrittweise in den Zielzustand zu bringen, beispielsweise indem wir das halbfertige Produkt in der Maschine auf einen Nacharbeitsplatz ausschleusen.

4.1.2 Beispiel Scheibenwischer

Für den Scheibenwischer aus Kap. 1 können wir aus Abb. 1.6 die Fehlerbedingung entnehmen: S_L und S_R sind gleichzeitig belegt.

Weiterhin legen wir fest, dass im Fehlerfall beide Ausgänge abgeschaltet werden sollen, so dass der Scheibenwischer anhält. Nach Löschen des Fehlers soll der Wischer weiterwischen wie zuvor. Somit ergibt sich das Zustandsdiagramm in Abb. 4.3b.

Die Abb. 4.5 und 4.6 zeigen den entsprechend erweiterten Code in AWL bzw. FUP.

Netzwerk 1: Zustand Wischen links

```
0001    A      " Wischen rechts "
0002    R      " Wischen links "
0003    A      " AN "
0004    A      " AUS "
0005    O
0006    A      " SR "
0007    A      " AN "
0008    A      " Wischen rechts "
0009    AN     " Fehlermerker "
0010    S      " Wischen links "
```

Netzwerk 2: Zustand Wischen rechts

```
0001    O      " Wischen links"
0002    O      " AUS "
0003    R      " Wischen rechts "
0004    A      " Wischen links "
0005    A      " SL "
0006    AN     " Fehlermerker "
0007    S      " Wischen rechts "
```

Netzwerk 3: Zustand AUS

```
0001    AN     " AN "
0002    A      " SR "
0003    A      " Wischen rechts "
0004    O      " First Scan "
0005    S      " AUS "
0006    A      " AN "
0007    R      " AUS "
```

Netzwerk 4: Fehlerzustand

```
0001    A      " SL "
0002    A      " SR "
0003    O      " Timeout (Optional) "
0004    S      " Fehlermerker "
0005    A      " Continue "
0006    R      " Fehlermerker "
```

Netzwerk 5: Ausgang Wischen links

```
0001    A      " Wischen links "
0002    AN     " Fehlermerker "
0003    =      " YL "
```

Netzwerk 6: Ausgang Wischen rechts

```
0001    A      " Wischen rechts "
0002    AN     " Fehlermerker "
0003    =      " YR "
```

Netzwerk 7: Zeitübers chreitung

```
0001    // Überwachte Zeit "Wischen Links"
0002    A         " Wischen links "
0003    AN        " Continue "
0004    =         " Zeitstart 1 "
0005    CALL   TON ,  " Timeout-Links "
0006           Time
0007           IN  : =" Zeitstart 1 "
0008           PT  : =T#10s
0009           Q   : =" Zeit 1 "
0010           ET  : =
0011    // Überwachte Zeit "Wischen Rechts"
0012    A         " Wischen rechts "
0013    AN        " Continue "
0014    =         " Zeitstart 2 "
0015    CALL   TON ,  " Timeout-Rechts "
0016           Time
0017           IN  : =" Zeitstart 2 "
0018           PT  : =T#10s
0019           Q   : =" Zeit 2 "
0020           ET  : =
0021    // Verknüpfung der beiden Zeiten
0022    O         " Zeit 1 "
0023    O         " Zeit 2 "
0024    =         " Timeout (Optional) "
```

Abb. 4.5 Die um Fehlererkennung und Fehlerbehandlung erweiterte Schrittkette aus Abb. 2.9 in AWL

Abb. 4.6 Die um Fehlererkennung und Fehlerbehandlung erweiterte Schrittkette aus Abb. 2.10 in FUP (Setzen und Löschen des Fehlermerkers in Abb. 4.7)

Netzwerk 1: Zustand Wischen links

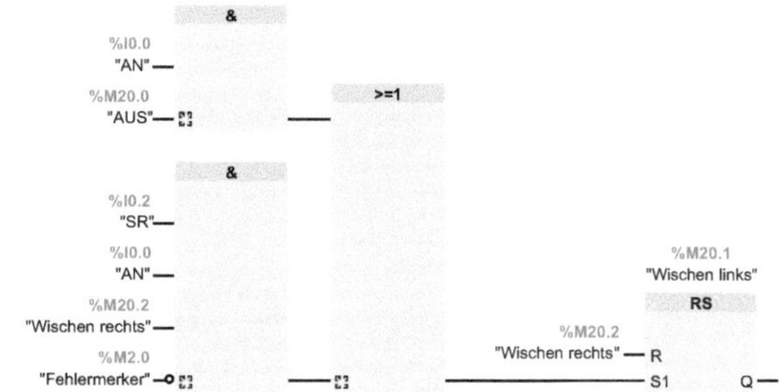

Netzwerk 2: Zustand Wischen rechts

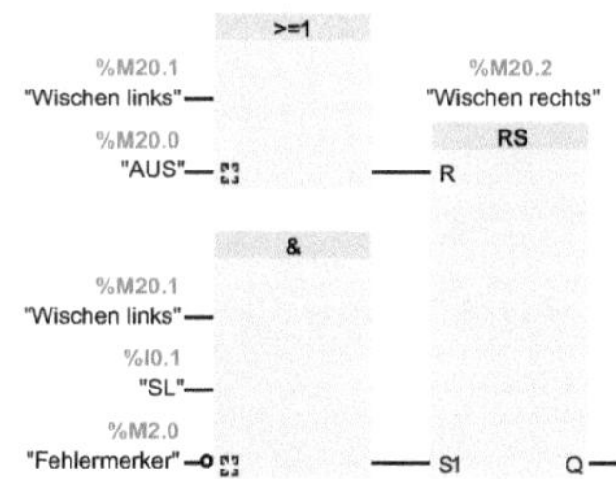

Netzwerk 3: Zustand AUS

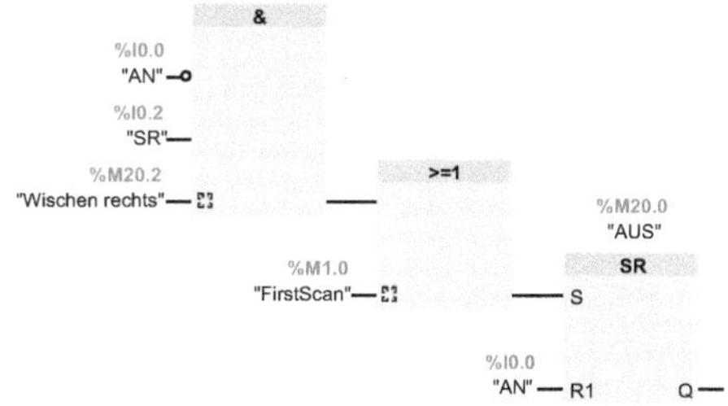

Netzwerk 5: Ausgang Wischen links

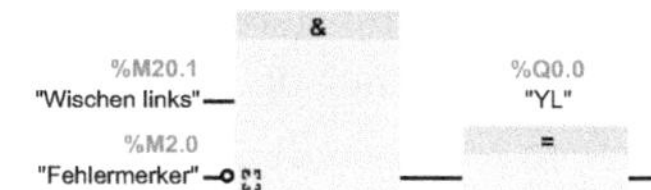

Netzwerk 6: Ausgang Wischen rechts

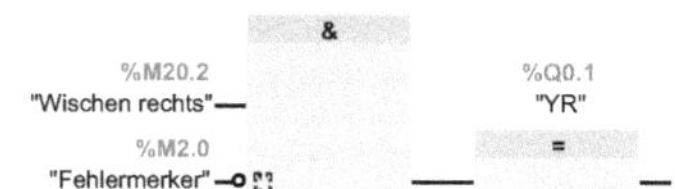

Netzwerk 4: Fehlerzustand

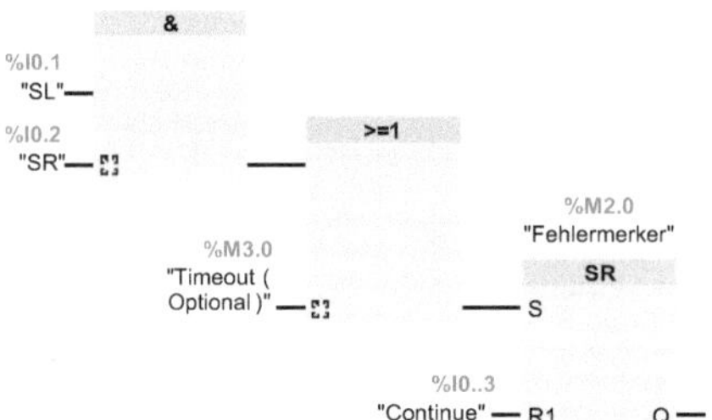

Netzwerk 7: Zeitüberschreitung

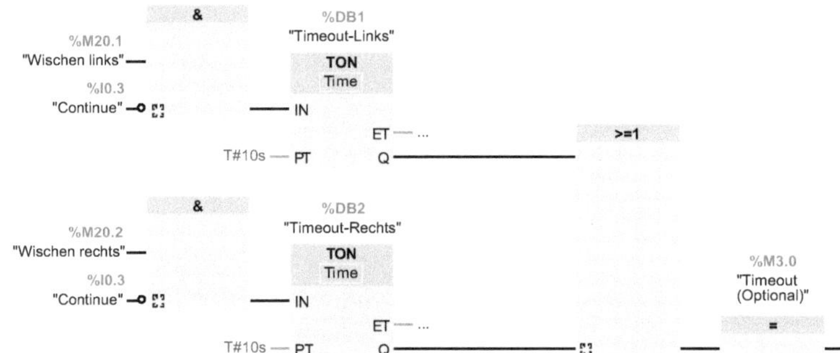

Abb. 4.7 Setzen und Löschen des Fehlermerkers sowie Generieren des Timeouts für die Schrittkette aus Abb. 4.6

4.1.3　Betriebsarten

Im Denken der Entwickler steht meist der Automatikbetrieb im Vordergrund. Diese Betriebsart wird bei der mechanischen Konstruktion „mitausgedacht" und gerne mit einem Weg-Schritt-Diagramm spezifiziert.

Die in Abschn. 4.1.1 dargestellte Fehlerbehandlung stellt eine weitere „Betriebsart" dar, in der Fehlermeldungen angezeigt werden.

Zur Fehlerbeseitigung sind meist mechanische Bewegungen und manuelle Eingriffe nötig. Auch bei der Inbetriebnahme oder der Wartung der Maschine sind derartige Eingriffe notwendig. Die einfachste Form stellt dabei der Hand-Betrieb dar, bei dem der Bediener jeden Aktor einzeln anwählen und bewegen kann.

Diese verschiedenen Betriebsarten lassen analog zum Fehlerzustand als weitere neben dem eigentlichen Ablauf existierende Zustände realisieren. Abb. 4.8 zeigt die Betriebsarten Automatik, Hand und Fehler. Dabei ist zu beachten, dass Fehler und Hand gleichzeitig aktiv sein können. Programmtechnisch wird die Kette im Automatikmodus analog zum Fehlerfall gegen den Handbetrieb verriegelt. Die Ausgangsschaltnetze werden erweitert um eine Verknüpfung zwischen Betriebsart und Schritt sowie beim Handmodus gewählter Funktion Ein-/Ausfahren.

Abb. 4.9 zeigt eine sehr einfache Bedienoberfläche für diese drei Betriebsarten. Die Kommandobuttons „An", „Aus", „Continue" und „Reset" setzen dabei Merker, die in der Schrittkette als Bedingungen abgefragt werden können.

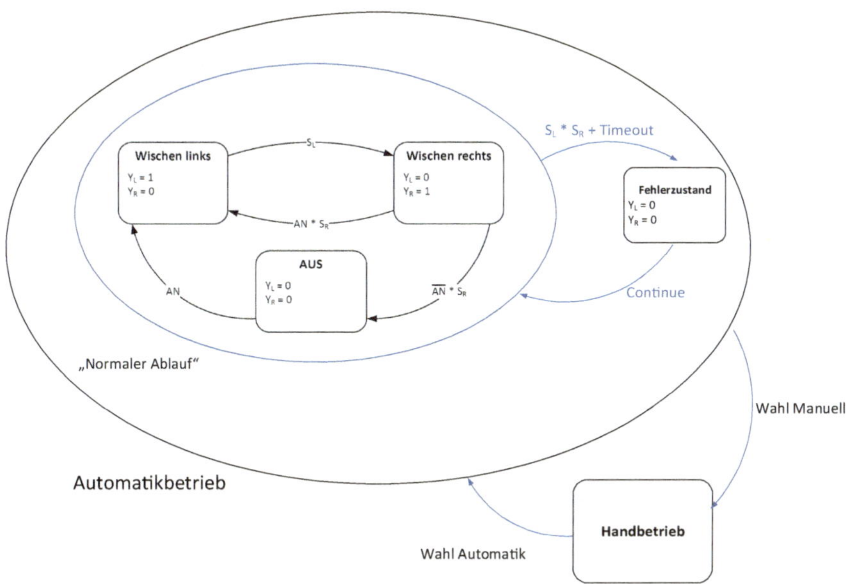

Abb. 4.8 Das um die Betriebsart Hand erweiterte Zustandsdiagramm aus Abb. 4.3b

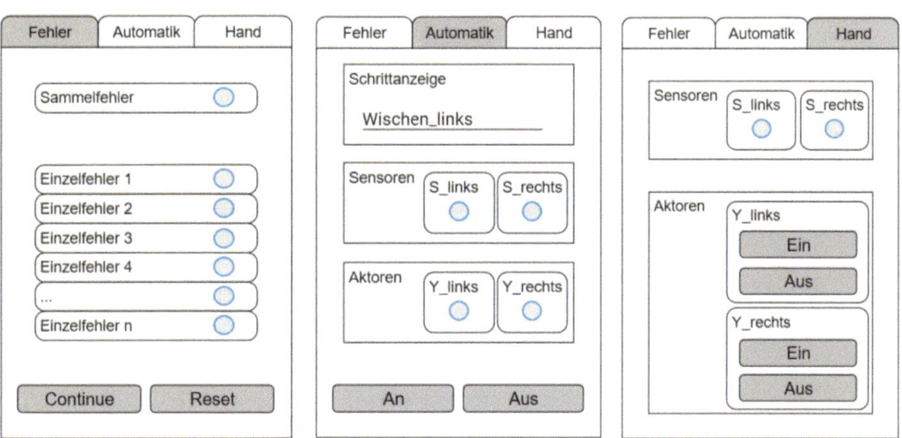

Abb. 4.9 Einfache Benutzeroberfläche mit den Betriebsarten Automatik und Handbetrieb sowie Fehleranzeige

4.2   Rundtaktautomaten

Bei der handwerklichen Herstellung von Produkten führt der Handwerker viele einzelne Arbeitsschritte nacheinander aus. Bestellt ein Student in unserer Cafeteria beispielsweise eine Leberkäsesemmel, wird die Mitarbeiterin, die die Bestellung annimmt, diese Semmel komplett zubereiten. Sind bei hohem Andrang mehrere Mitarbeiterinnen im Einsatz, bearbeitet jede einzelne immer eine Bestellung eines Studenten.

Die industrielle Produktion dagegen unterteilt längere Abläufe in eine Folge einzelner, einfacher Arbeitsschritte. Dieses Konzept ist nicht wirklich neu. Bereits aus dem frühen Mittelalter sind stark arbeitsteilige Abläufe bekannt. Frederick Winslow Taylor (1856–1915) hat es mit dem „Scientific Management", auch als „Taylorismus" bekannt, auf eine wissenschaftliche Grundlage gestellt. Für die Leberkäsesemmel können wir die folgenden Arbeitsschritte definieren:

1. eine Semmel halbieren
2. eine Scheibe vom fertigen, warmgehaltenen Leberkäse abschneiden
3. diese Scheibe auf die untere Semmelhälfte legen
4. Senf aufbringen (wenn gewünscht)
5. obere Semmelhälfte drauflegen

Diese einfachen Arbeitsschritte lassen sich nun leichter automatisieren als der komplexe Gesamtablauf. Dazu entwickeln wir einzelne Automatisierungsstationen, die jeweils nur einen oder zwei der Arbeitsschritte ausführen können. Für die Leberkäsesemmelproduktion benötigen wir damit die Stationen in Abb. 4.10.

Bei größeren Mengen lohnt es sich, diese Stationen so miteinander zu verketten, dass der Ausgang der einen Station die Teile direkt an die nächste Station liefert. Das kann beispielsweise über ein Fließband erfolgen. Auch dieses Konzept ist nicht wirklich neu. Als Pionierbeispiel gelten die die um das Jahr 1870 in den Schlachthöfen von Cincinnati eingesetzten Transportschienen an der Decke.

Damit ergibt sich ein Arbeitstakt, bei dem das Material von einer Station zur nächsten weitergegeben wird. Dieser Takt richtet sich nach der langsamsten Station. Damit alle Stationen in etwa gleich ausgelastet sind, sollten sie für ihren jeweiligen Arbeitsschritt in etwa die gleiche Zeit benötigen.

Abb. 4.10 „Fliessband"-
Produktion von
Leberkäsesemmeln

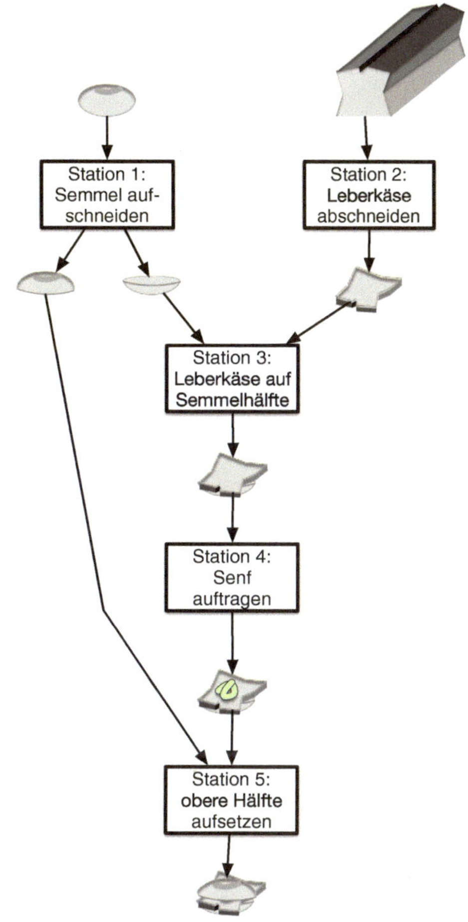

Bei kleineren Sondermaschinen wird oft ein runder Tisch eingesetzt, der die Teile durch
eine Drehung um ein paar Winkelgrade von einer Station zur nächsten fördert. Ein derartiger Rundtaktautomat für unsere Leberkäseproduktion könnte in etwa so aussehen wie
in Abb. 4.11. Der Mensch hat in diesem Fall nur noch die fertige Semmel aus dem Auto-
maten zu entnehmen und hin und wieder die an Station 1, 2 und 4 benötigten Materialien
nachzufüllen.

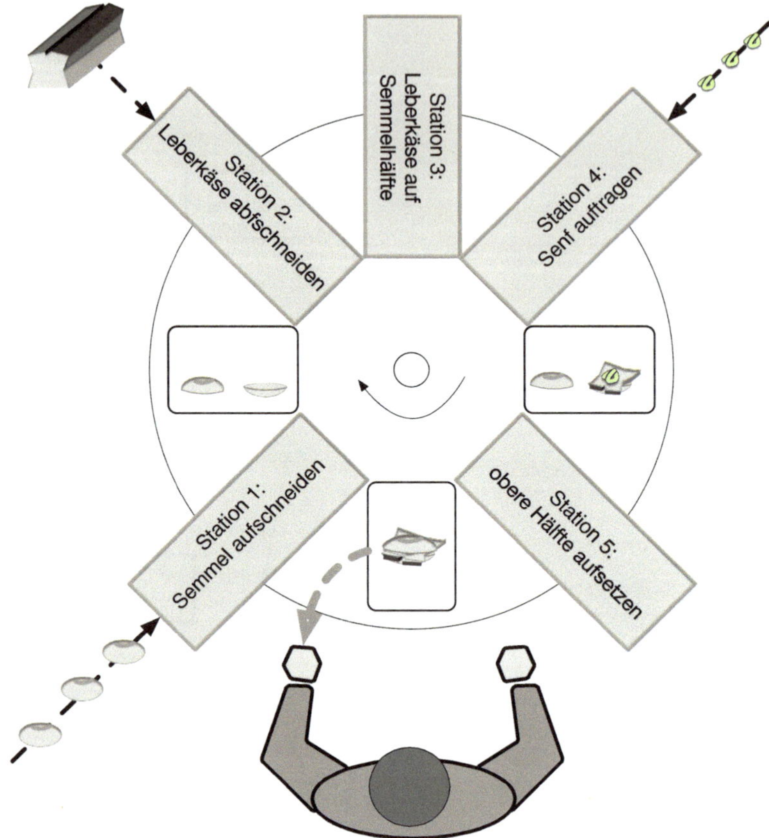

Abb. 4.11 Prinzip eines Rundtaktautomaten für die Produktion von Leberkäsesemmeln entsprechend Abb. 4.10

Softwareseitig ergibt sich damit die Anforderung, mehrere Abläufe oder Schrittketten parallel ablaufen zu lassen: eine für jede Station. Das lässt sich durch mehrere Zustandsdiagramme entsprechend Abb. 4.12 modellieren. Die einzelnen „Stationsschrittketten" enthalten dabei einen Schritt, in dem sie auf den Drehtisch warten. Die Schrittkette für den Drehtisch stößt das Drehen an, wenn alle Stationsschrittketten in diesem Warteschritt sind. Der Programmcode dazu ist in Abb. 4.13 angedeutet.

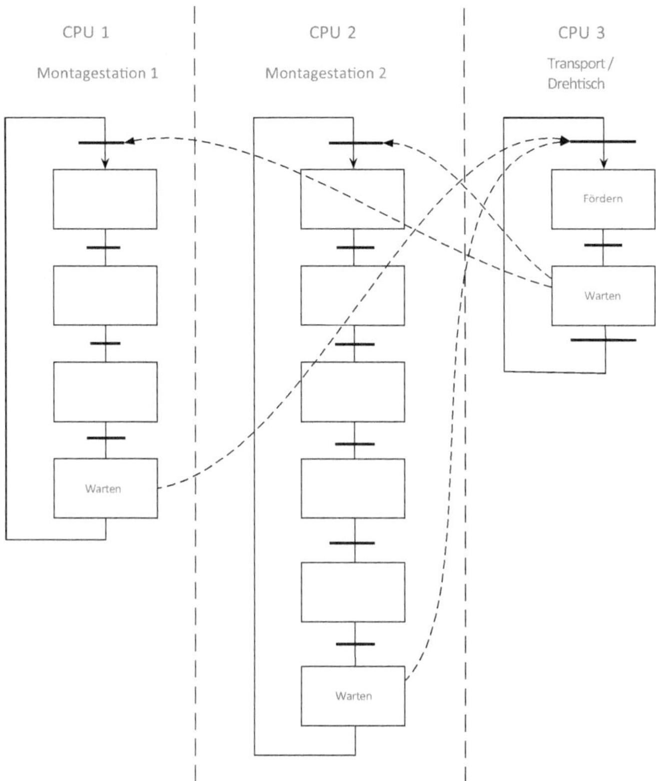

Abb. 4.12 Zustandsdiagramme für mehrere parallel ablaufende Schrittketten

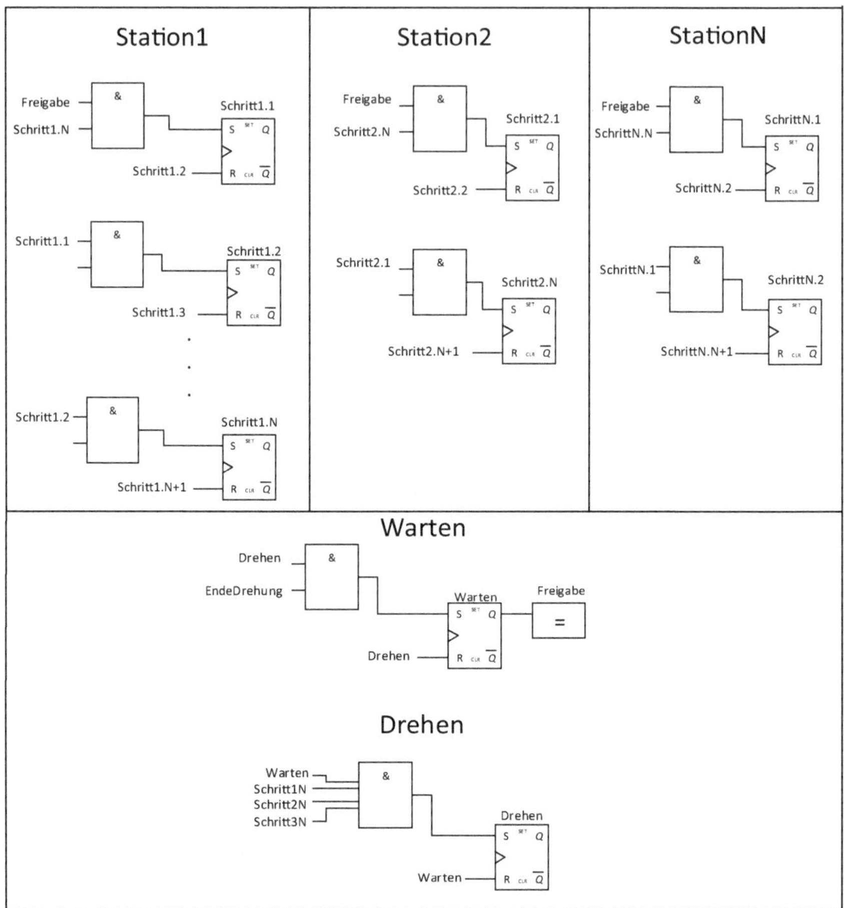

Abb. 4.13 Prinzipieller Code für mehrere parallel ablaufende Schrittketten

Übungsaufgaben

(Lösungsvorschläge in Abschn. A.4)

4.1 Die Steuerung aus Aufgabe 2.2 soll um eine Fehlerbehandlung erweitert werden:

Wenn beide Sensoren an einem oder an beiden Zylindern gleichzeitig auf 1 stehen, soll die eventuell begonnene Bewegung beendet und danach keine weitere Bewegung ausgeführt werden. Wenn der Fehler behoben wurde, kann der Benutzer durch das neue Eingangssignal Reset (1, zurück nach Zustand S1) die Steuerung in den Zustand S1 zurücksetzen.

Ergänzen Sie das Zustandsdiagramm in Abb. 2.13 entsprechend!

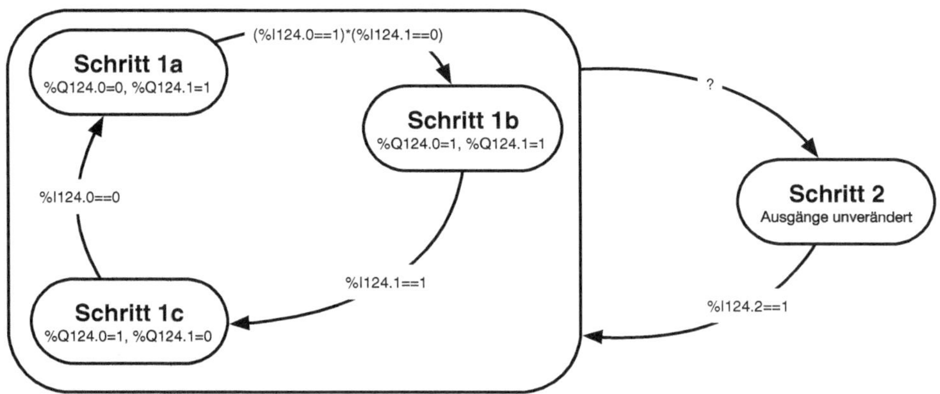

Abb. 4.14 Zustandsdiagramm mit Fehlerbehandlung

4.2 Welche Fehler können bei der Steuerung zu Abb. 2.14 (durch geschickte Programmierung) mit den gegebenen Sensoren erkannt werden? Geben Sie eine Liste mit knapper Beschreibung der Fehler an!

4.3 Entwickeln Sie eine Steuerungssoftware für das Zustandsdiagramm in Abb. 4.14!

1. Geben Sie ein SPS-Programm in FUP oder AWL an, das die Schritte 1a, 1b, 1c ablaufen lässt!
2. Ergänzen Sie das SPS-Programm so, dass zu Schritt 2 übergegangen wird, wenn beide Eingänge %I124.0 und %I124.1 belegt sind. Wenn der Eingang %I124.2 belegt ist, soll das Programm aus 1. an der Stelle fortgesetzt werden, an der es vor dem Übergang nach Schritt 2 war!
3. Ergänzen Sie das Programm so, dass beim Start der SPS der Schritt 1.a gesetzt wird!
4. Ergänzen Sie das Programm so, dass die Ausgänge in den Schritten 1a und 1b maximal 10s gesetzt werden!

Jede automatisierungstechnische Lösung besteht aus Mechanik, Elektronik und Software. Dieses Buch konzentriert sich auf die softwareseitigen Aspekte dieser Lösungen. In den Kap. 2 und 3 haben wir die grundlegenden, theoretischen Konzepte der Steuerungs- und Regelungstechnik kennengelernt. Kap. 4 hat diese dann im Kontext einer Anwendung im Sondermaschinenbau betrachtet und die dort üblichen Konventionen herausgearbeitet.

Damit sind die „softwareseitigen" Aspekte weitgehend abgedeckt, die in einem automatisierungstechnischen Projekt einen Großteil des steuerungstechnischen Aufwands ausmachen.

In diesem Kapitel soll es nun noch um die gerätetechnische Realisierung automatisierungstechnischer Lösungen gehen. Das Angebot ist hier nahezu unüberschaubar groß, so dass sich die Darstellung hier auf ausgewählte Schlaglichter beschränkt.

5.1 Hardware der Steuerungstechnik

Bei Sondermaschinen, verfahrenstechnischen Anlagen und den meisten Standardmaschinen wird die Elektronik, also die SPS und, soweit vorhanden, die Regler in einem oder mehreren Schaltschränken untergebracht (Abb. 5.1c). Bildschirme oder Taster zur Interaktion mit dem Benutzer werden wie in Abb. 5.1a und b gezeigt in die Frontplatte des Schaltschranks oder eine abgesetzte Bedienkomponente eingebaut. Neben diesen Komponenten enthält der Schaltschrank noch Klemmleisten zum übersichtlichen elektrischen Verbinden der Komponenten (Abb. 5.1d).

© Springer Fachmedien Wiesbaden GmbH, ein Teil von Springer Nature 2019   109
V. Plenk, *Grundlagen der Automatisierungstechnik kompakt*,
https://doi.org/10.1007/978-3-658-24469-9_5

a Frontansicht

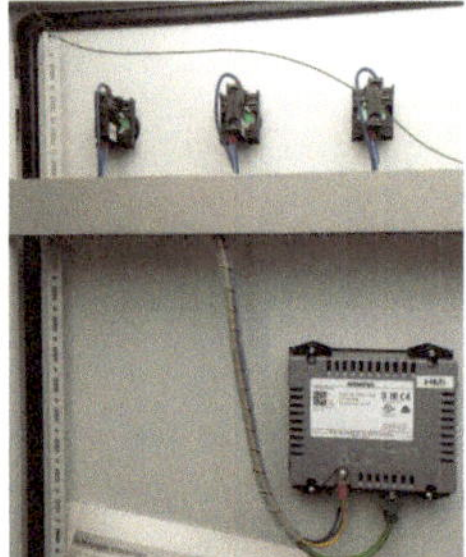

b Rückansicht der Front

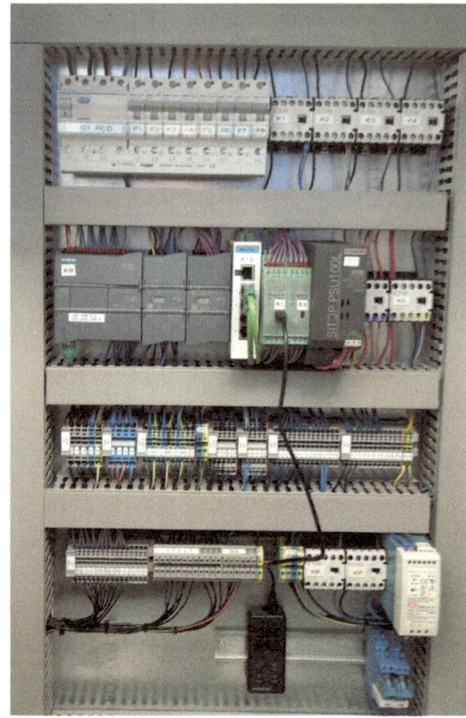

c Innenansicht

d Detailansicht: Klemmleiste

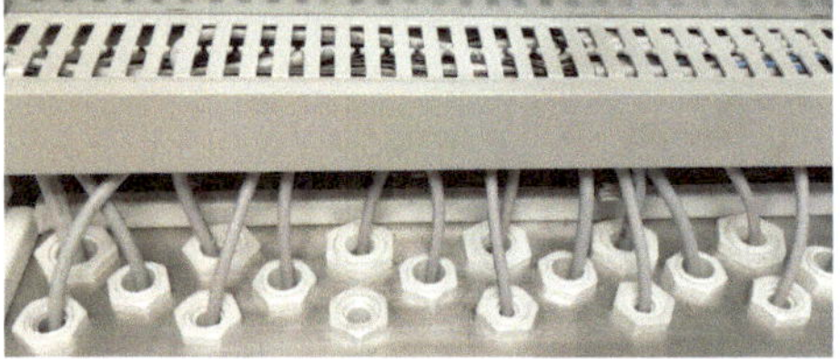

e Detailansicht: Kabeldurchführungen für den Anschluss an die Mechanik

Abb. 5.1 Ein Beispiel für einen Schaltschrank

Schaltschränke werden im allgemeinen nicht in derselben Werkstatt wie die Mechanik montiert, sondern als fertige Einheiten angeliefert. Diese werden dann durch Aufklemmen aller Verbindungsleitungen (kleinste bis kleine Stückzahlen, Abb. 5.1d) oder über projekt-spezifische Steckverbinder mit der Mechanik verbunden.

Mit der Zeit hat sich ein Standard für den Innenaufbau eines Schaltschrankes herausgebildet. Abb. 5.1c zeigt, wie dabei die einzelnen Komponenten in mehreren übereinander angebrachten Reihen auf Tragschienen eingeschnappt werden.

5.2 Einschub: Elektrische Grundlagen

Schon bei einfachen Anwendung sind wie in Abb. 5.1d gezeigt sehr viele einzelne Drähte oder Adern nötig, die aufwendig aufgelegt werden müssen. In diesem Abschnitt wollen wir uns klarmachen, warum das so ist.

Dazu müssen wir uns zunächst klar machen, dass ein elektrischer Stromkreis immer aus einer Energiequelle, meist als Spannungsquelle dargestellt, und einem Verbraucher, z. B: einer Anzeigeleuchte, besteht. Abb. 5.2 zeigt, wie diese beiden Einheiten über eine Leitung von der Quelle zum Verbraucher verbunden werden. Diese Leitung soll nach der üblichen Analogie Ladungsträger von der Quelle zum Verbraucher transportieren. Zusätzlich ist noch eine zweite Leitung nötig, um die „verbrauchten" Ladungsträger wieder zurück zur Quelle zu transportieren. Diese zweite Leitung wird meist als Masse bezeichnet. Um den Kreislaufcharakter deutlich zu machen, bezeichnen manche Physiker die Quelle auch als „Pumpe", die die „verbrauchten" Ladungsträger wieder auf ein hohes Spannungsniveau hebt und über die erste Leitung erneut zum Verbraucher schickt.

Übertragen wir dieses Konzept auf die Schaltfunktion eines SPS-Ausgangs, ergibt sich für Ausgänge eine Schaltung wie in Abb. 5.3a: Das vom SPS-Programm geschriebene logische Signal des Ausgangs, hier `%A124.0`, steuert einen Schalter. Dieser Schalter wird zwi-

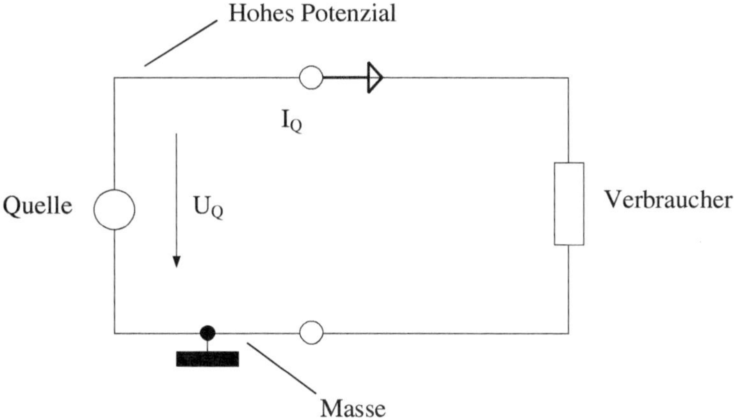

Abb. 5.2 Prinzipdarstellung eines Stromkreises

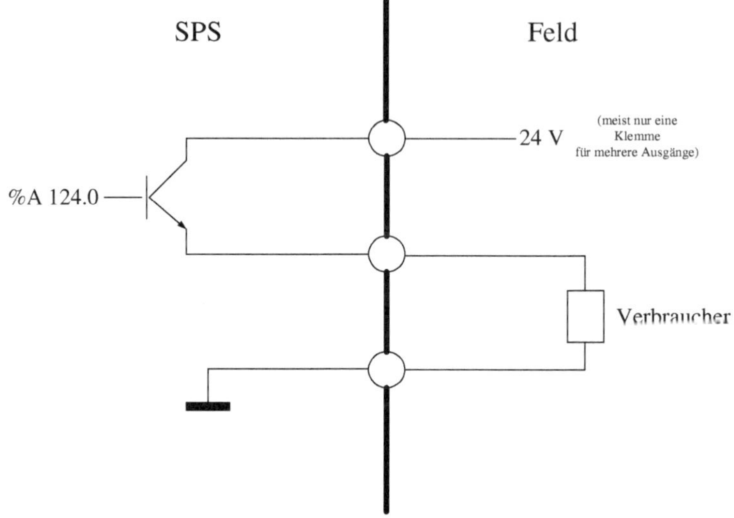

a Ausgangsschaltung

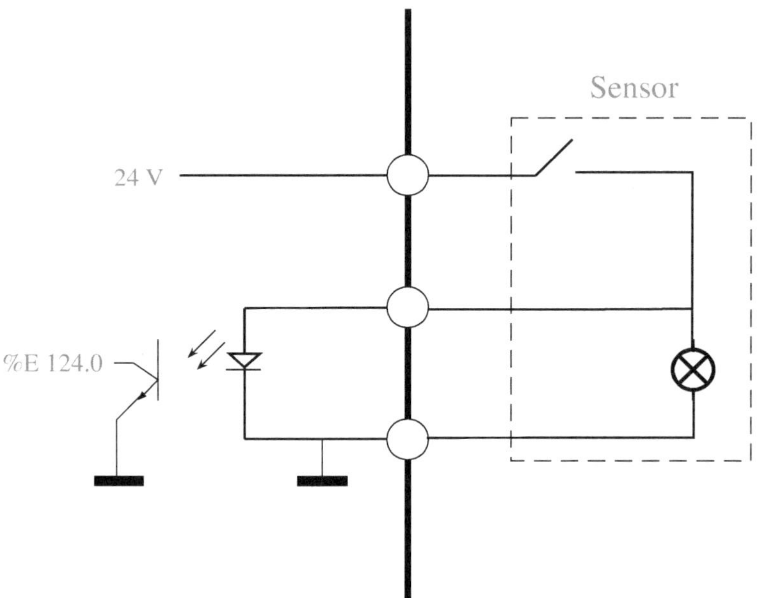

b Eingangsschaltung

Abb. 5.3 Prinzipielle Ein-/Ausgangsschaltung einer SPS

schen die Spannungsquelle, umgangssprachlich auch als Stromversorgung oder Netzteil bezeichnet, und die Last geschaltet. Die SPS sieht dabei eine Klemme für die Leitung zum Verbraucher und eine Klemme für die Rückleitung vor. Zusätzlich gibt es noch eine Klemme zum Anschluss der Spannungsquelle an die SPS. Damit können einzelne Gruppen von Verbrauchern über verschiedene Spannungsquellen versorgt werden, so dass beim Ausfall einer Spannungsquelle nicht alle Verbraucher betroffen sind bzw. die Last vieler Verbraucher auf mehrere Quellen verteilt werden kann.

Für einen Eingang ergibt sich eine Schaltung wie in Abb. 5.3b: Der logische Wert des Eingangs, hier `%E124.0`, wird durch das „Leuchten" der LED gesteuert. Diese wiederum wird über eine Klemme mit einem schaltenden Sensor verbunden. Damit der Sensor die LED mit Energie versorgen kann, benötigt er eine Verbindung zu einer Spannungsquelle. Diese kann wie gezeichnet in der SPS eingebaut sein. Manchmal werden die Sensoren auch über eine separate Quelle versorgt. Der Masse-Anschluss der LED muss mit dem Masseanschluss der Quelle verbunden werden. Das kann SPS-intern oder über eine weitere Klemme erfolgen. Sollte der Sensor für seine Funktion Energie benötigen, wie für die grün gezeichnete Anzeigelampe, muss diese Masseleitung bis zum Sensor geführt werden.

Wir benötigen also für jeden Verbraucher 2 und für jeden Sensor 3 Adern, die entweder im Klemmfeld entsprechend Abb. 5.1d oder direkt an der SPS aufgeklemmt werden. Abb. 5.4 zeigt die Anschlussleiste einer SPS Ein-Ausgangsbaugruppe mit je zwei Klemmen für die Ausgänge und gemeinsamen Versorgungs- und Masseklemmen sowie einer Klemme für jeden Eingang.

Damit ist klar, dass an den Ein- oder Ausgängen der SPS entweder die Spannung aus der Quelle oder keine Spannung anliegt. Für diese Spannung hat sich ein Pegel von 24 V eingebürgert. Typische SPS-Ausgänge können Ströme von $\approx 100\,\text{mA}$ schalten.

Abb. 5.4 Klemmen an einer SPS

5.3 Sensoren

Um etwas Übersicht in das wirklich unüberschaubare Angebot bei den Sensoren zu bringen, unterscheiden wir zunächst in physikalische Sensoren, die einen kontinuierlichen Wert für eine physikalische Größe wie die Temperatur liefern, und binäre Sensoren, die einen binären Wert zurückgeben, wie „Türe geschlossen".

5.3.1 Physikalische Sensoren

Physikalische Sensoren haben entweder eine analoge Schnittstelle, die beispielsweise eine zur Temperatur proportionale Spannung liefert, oder eine digitale Schnittstelle, die über einen entsprechenden Datenanschluss Werte an die SPS liefert. Eine Regelung benötigt immer derartige Sensoren, um die Regelgröße zu messen. Werden derartige Sensoren an eine Steuerung angeschlossen, geht es meist entweder um das Erkennen von Grenzen und damit wieder um binäre Entscheidungen wie „zu kalt" oder um das Aufzeichnen prozess - bzw. qualitätsrelevanter Daten. Derartige Sensoren werden am Markt in einer enormen Vielfalt angeboten, vom einfachen PT100-Temperaturaufnehmer bis hin zu komplexen chemischen Sensoren. Auch nur der Versuch der Darstellung würde den Rahmen diese Buches sprengen, deswegen werden hier nur kurz die üblichen Pegel üblicher analoger Schnittstellen dargestellt:

- 0 V ... 10 V: Dieser Bereich wird üblicherweise für nicht vorzeichenbehaftete Größen wie das Gewicht verwendet. Die ausgegebene Spannung ist proportional zur gemessenen Größe.
  Manche Temperaturaufnehmer liefern auch Signale in diesem Bereich, obwohl sie negative Temperaturen messen können. In diesem Fall ist ein Offset zu subtrahieren.
  Sensoren, die diesen Ausgangsspannungsbereich liefern, lassen sich problemlos mit den in der Steuerungstechnik üblichen 24 V versorgen, benötigen für den Anschluss aber mindestens 3 Adern: Spannungsversorgung, Signal und Masse. Oft werden 4 Adern eingesetzt. Die vierte Ader stellt dann eine separate Masse für das Signal dar.
- −10 V ... 10 V: Dieser Bereich wird üblicherweise für vorzeichenbehaftete Größen wie die Geschwindigkeit oder die Beschleunigung verwendet. Die ausgegebene Spannung ist proportional zur gemessenen Größe.
  Sensoren, die diesen Ausgangsspannungsbereich liefern, lassen sich meist mit den in der Steuerungstechnik üblichen 24 V versorgen, allerdings ist die interne Schaltung aufwendiger. Sie werden meist mit 4 Adern angeschlossen: Spannungsversorgung, Masse für die Spannungsversorgung, Signal und Masse für das Signal.
- 4 mA ... 20 mA: Dieser Bereich wird von speziellen, meist in der Verfahrenstechnik eingesetzten Sensoren verwendet. Der vom Sensor aufgenommene Strom ist dabei proportional zur gemessenen Größe.

Die auf den ersten Blick unlogische Repräsentation der gemessenen Größe als Strom hat den Vorteil, dass nur zwei Adern für den Anschluss des Sensors notwendig sind: Spannungsversorgung und Masse. Der über diese Adern fließende Strom repräsentiert dann den Messwert. Außerdem lässt sich so ein eventueller Drahtbruch detektieren: In diesem Fall kann der Minimalstrom von 4mA nicht fließen.

- 0 mA ... 20 mA: Dieser Bereich entspricht dem 4 mA ... 20 mA-Bereich, benötigt aber eine zusätzliche, dritte Ader zur Versorgung des Sensors.

5.3.2 Binäre Sensoren

Binäre Sensoren entsprechen den in Abb 5.3b dargestellten Schaltern und werden meist zahlreich eingesetzt, um die Position der bewegten Teile der Mechanik festzustellen. Die Abfrage dieser Sensoren ist typischerweise der Hauptinhalt von Weiterschaltbedingungen in Ablaufsteuerungen. Sowohl von den Schaltpegeln als auch von der Energieversorgung sind diese Sensoren für die im SPS Bereich üblichen 24 V ausgelegt.

Bei den binären Sensoren haben sich zwei Grundprinzipien etabliert: berührungslose Näherungsschalter und Lichtschranken. Diese sollen hier näher dargestellt werden.

5.3.2.1 Näherungsschalter

Ein Näherungsschalter, auch als Initiator, Annäherungsschalter, Näherungssensor, Positionssensor bezeichnet ist ein Sensor, der bei Annäherung berührungslos Objekte erkennen kann. Er liefert ein binäres Signal: „Objekt erkannt"/„Objekt nicht erkannt".

Das Messprinzip beruht auf der Dämpfung eines hochfrequent wechselnden Magnet- oder elektrischen Feldes durch das zu detektierende Objekt. Im Fall des Magnetfelds spricht man von einem induktiven Näherungsschalter, der ein elektrisch leitfähiges Objekt, üblicherweise Stahl detektiert. Der Abstand zwischen Sensor und detektiertem Objekt liegt im Bereich weniger mm. Der kapazitive Näherungsschalter nutzt ein elektrisches Feld und kann somit auch nicht leitende Objekte erkennen, hat allerdings eine deutlich geringere Empfindlichkeit und somit bei gleicher Baugröße einen deutlich geringeren Schaltabstand.

Typische Bauformen reichen von eher großen zylindrischen Aufnehmern mit M18-Außengewinde bis hin zu kleinen mit 3 mm Außendurchmesser. Sonderbauformen lassen sich sogar bündig in eine Metallfläche, wie das Maschinenbett einsetzen.

Näherungsschalters werden typischerweise verbaut, um die Lage eines bewegten Maschinenteils zu erkennen. Dazu wird der Näherungsschalter meist am festen Teil der Maschine montiert – so sind keine bewegten Kabel nötig. Am bewegten Teil wird eine verstellbare Schaltnocke angebracht, die den Näherungsschalter auslöst.

Abb. 5.5 zeigt ein Anwendungsbeispiel. Die Schaltnocke ist hier als kleine Metallplatte ausgeführt, die unten an dem grauen, bewegten Teil befestigt ist.

Abb. 5.5 Ein Näherungsschalter im Einsatz

5.3.2.2 Lichtschranken

Während Näherungsschalter nur bestimmte Objekte in einem eng definierten Abstand erkennen können, sind Lichtschranken in der Lage, größere Entfernungen bis hin zu mehreren metern zu überwachen. Das Prinzip ist bekannt: Ein Sender erzeugt einen Lichtstrahl, der vom Empfänger erkannt wird. Wird der Lichtstrahl durch ein Objekt unterbrochen, spricht die Lichtschranke an.

Als Lichtquelle werden meist Leuchtdioden mit einer Wellenlänge von 660 nm (sichtbares rotes Licht) oder 880 ... 940 nm (unsichtbares Infrarotlicht) verwendet.

Übliche Bauformen integrieren Sender und Empfänger in einem Gehäuse und sparen so eine elektrische Zuleitung ein. Das ausgesandte Licht wird von einem Retroreflektor am anderen Ende des Detektionsbereichs zurückgeworfen.

Abb. 5.6 Front- und
Rückansicht eines Lichttasters
im Einsatz

Zur Unterscheidung des vom Sender ausgestrahlten Lichts vom in der Umgebung vorhandenen Fremdlicht moduliert eine moderne Lichtschranke die Lichtquelle. So kann sie das Licht anderer Lichtschranken, die die gleiche Wellenlänge verwenden, von ihrem eigenen Licht unterscheiden. Derart codierte, eng beieinanderliegende Lichtschranken können sich einen Retroreflektor teilen.

Lichtschranken eignen sich auch zum Detektieren von Teilen der Maschine, werden aber meist dafür eingesetzt, Teile wie Pakete auf einem Förderband, die von der Maschine bewegt werden, zu detektieren. Abb. 5.6 zeigt ein Anwendungsbeispiel.

5.4 Aktoren

In der modernen Automatisierungstechnik werden praktisch alle Aktoren durch elektrische Signale der Steuerung betätigt. Die Aktoren selbst setzen dann Energie in einen physikalischen Effekt um. Die Spanne der zu beeinflussenden Größen ist dabei so breit wie die automatisierungstechnischen Anwendungen. Meist geht es dabei um einfache Größen wie die Temperatur, die Geschwindigkeit oder die Position eines Objektes.

Komplexe Prozesszustände wie die Zugspannung in einer Papierbahn während des Aufrollens stellen eher Anforderungen an die Sensorik, denn eingestellt wird diese Spannung durch einen Geschwindigkeitsunterschied zwischen der speisenden Maschine und dem Wickel.

Die Steuersignale können dabei als kontinuierlicher Wert oder als binäres Schaltsignal dargestellt werden. Aktoren, die über kontinuierliche Werte gesteuert werden, sind meist „intelligente" Aktoren, wie drehzahlvariable Antriebe, in denen sich eine Regelung verbirgt.

5.4.1 Einschub: elektrisch gesteuerte Schalter

Viele Aktoren werden mit elektrischer Energie betrieben. Bei dem Wasserkocher-Beispiel aus Abb. 1.1 muss die Heizplatte ein- bzw. ausgeschaltet werden.

Zur Erinnerung: Die elektrische Leistung ergibt sich aus dem Produkt von Spannung und Strom:

$$P_{elektrisch_{Last}} = U_{Last} \cdot I_{Last} \tag{5.1}$$

Ein üblicher SPS-Ausgang kann also eine Leistung von

$$P_{Ausgang} = 24\,\text{V} \cdot 100\,\text{mA} = 2{,}4\,\text{W} \tag{5.2}$$

liefern. Diese Leistung wird praktisch nie ausreichen, um den Aktor zu versorgen.

Statt dessen verbinden wir den Aktor über einen elektrisch gesteuerten Schalter mit dem Stromnetz. Dieser Schalter schaltet dann die übliche Netzspannung von 230 V. Für höhere Leistungen wird oft auch dreiphasiger Drehstrom verwendet. Tab. 5.1 zeigt die üblichen

Tab. 5.1 Netzspannung, typische Ströme und typische Leistungen

	Spannung (AC)	Frequenz	Strom (AC)	Leistung (Effektiv)	Leitungen
Haushaltssteckdose	230 V	50 Hz	≤ 16 A	$\leq 3,5$ kW	2/3
Drehstrom	400 V	50 Hz	≤ 32 A	$\leq 22,0$ kW	3/5

Spannungen, Ströme und Leistungen. Beim Drehstrom müssen drei Leitungen geschaltet werden. Bei der Haushaltssteckdose genügt eine, es werden aber meist zwei geschaltet.

Elektrische Schalter werden meist magnetisch betätigt. Der Strom aus dem SPS-Ausgang erzeugt ein Magnetfeld in der Steuerspule. Dieses Magnetfeld bewegt die Schaltkontakte, die dann die höhere Spannung und die großen Ströme schalten. In der Automatisierungstechnik werden hier meist Schützeverwendet, weil diese im Gegensatz zu Relais auch höhere Ströme sicher schalten können. Abb. 5.7 zeigt den prinzipiellen Aufbau eines Schütz.

Bei der Auswahl eines Schütz ist darauf zu achten, ob einfache ohmsche Lasten wie ein elektrischer Heizwendel oder induktive Lasten wie Elektromotoren geschaltet werden sollen.

Abb. 5.7 Prinzipieller Aufbau eines Schütz

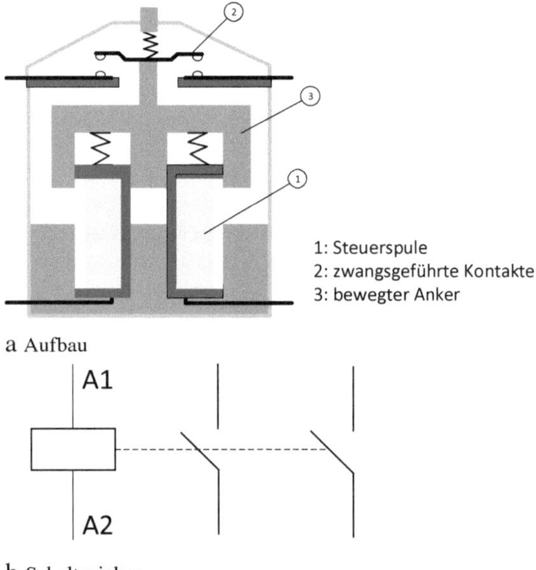

5.4.2 Elektromotoren

Praktisch jede automatisierungstechnische Anwendung beinhaltet Bewegungen. Diese Bewegungen werden gerne durch einen sich um eine Achse drehenden (Elektro-) Motor dargestellt. Meist sind dann noch zusätzliche mechanische Elemente notwendig, um die Drehbewegung in eine lineare Bewegung umzusetzen. Beim Kran beispielsweise durch das Auf- bzw. Abwickeln eines Seiles, an dem die Last hängt.

Alle Elektromotoren beruhen auf der Interaktion zweier Magnetfelder, von denen mindestens eines durch einen Elektromagneten, also eine stromdurchflossene Spule, aufgebaut wird. Eine Magnet ist mit der drehenden Achse, dem Rotor verbunden, und orientiert sich im zweiten, örtlich festen Statorfeld. Wenn wir nun eines der beiden Felder periodisch umpolen, wird der Rotor durch die ständig neuen Ausrichtung eine Drehbewegung ausführen.

Die Stärke der Magnetfelder bestimmt das maximal mögliche Drehmoment. Die Magnetfeldstärke ist direkt proportional zum Strom. Der Strom wird durch die anliegende Versorgungsspannung, den Widerstand der Spule und eine zur Drehzahl proportionale Gegenspannung bestimmt.

Wegen der Gegenspannung fließt bei hohen Drehzahlen weniger Strom, als bei niedrigen. Das bedeutet, dass der Motor im Stillstand ein großes Drehmoment abgibt. Sehr leistungsfähige Motoren dürfen deshalb nicht einfach eingeschaltet werden. Hier kommt eine Sanftanlaufschaltung zum Einsatz.

Ohne weiteren technischen Aufwand wird sich beim geschalteten Motor nach dem Hochlaufvorgang eine vom Lastmoment abhängige Drehzahl einstellen. Für drehzahlvariable Antriebe muss mehr Aufwand betrieben werden, indem ein Motorsteuergerät, meist ein Frequenzumrichter, eingesetzt wird.

5.4.3 Pneumatik

Sehr viele Bewegungsaufgaben in der Automatisierungstechnik verlangen eine lineare Bewegung zwischen zwei Positionen. Hier werden sehr gerne Pneumatikzylinder eingesetzt. Diese sind relativ preisgünstig, leicht zu installieren, von einfacher und robuster Bauweise und in den verschiedensten Größen erhältlich. Typische Anwendungen umfassen das Spannen, Verschieben, Positionieren, Orientieren, Prägen und Pressen von Werkstücken sowie das Öffnen von Türen oder das Öffnen und Schließen von Schiebern in Dosiereinrichtungen. Abb. 5.8 zeigt ein Anwendungsbeispiel. Tab. 5.2 gibt einen Überblick über die Kenndaten von Pneumatikzylindern.

Pneumatikzylinder werden durch Druckluft angetrieben, die den Kolben heraus- bzw. hineindrückt. Der Druck des Luftstroms bestimmt die maximale Kraft, der Volumenstrom die Geschwindigkeit der Arbeitsbewegung. Der Luftstrom wird durch Ventile beeinflusst: Wegeventile führen die Druckluft über verschiedene Wege. Stromventile beeinflussen die Strömungseigenschaften.

Abb. 5.8 Pneumatikzylinder
am Einsatzort (gesamtes Bild)
und als einzelnes Bauelement

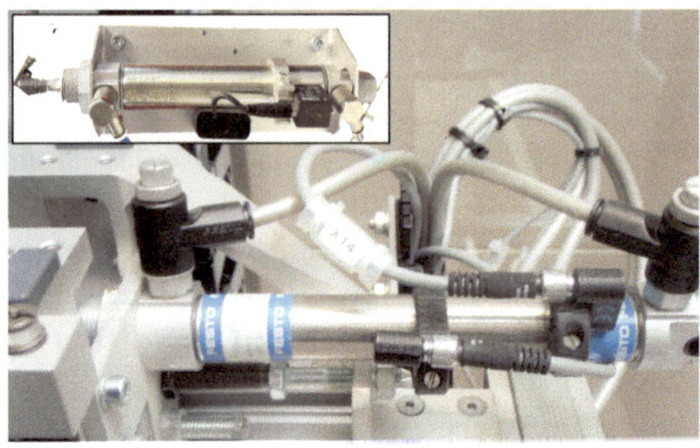

Tab. 5.2 Kenndaten von
Pneumatikzylindern

Durchmesser	$6\ldots320\,\text{mm}$
Hublänge	$1\ldots2000\,\text{mm}$
Kraft	$2\ldots50.000\,\text{N}$
Kolbengeschwindigkeit	$0{,}02\ldots1\,\frac{\text{m}}{\text{s}}$

Wegeventile entsprechen pneumatischen Schaltern, die Druck und Volumenströme über verschiedene Wege lenken. Abb. 5.9 gibt eine Übersicht über die gebräuchlichsten Bauformen. Sie werden durch die Bezeichnung „Anschlüsse"/„Stellungen" beschrieben.

Stromventile oder Drosseln bremsen die durchströmende Luft und sorgen so für einen langsamen Volumenzuwachs bei gleichen Druckverhältnissen. Durch diese Drosselung kann die Geschwindigkeit pneumatischer Aktoren eingestellt werden.

Abb. 5.9 Auswahl typischer
Wegeventile

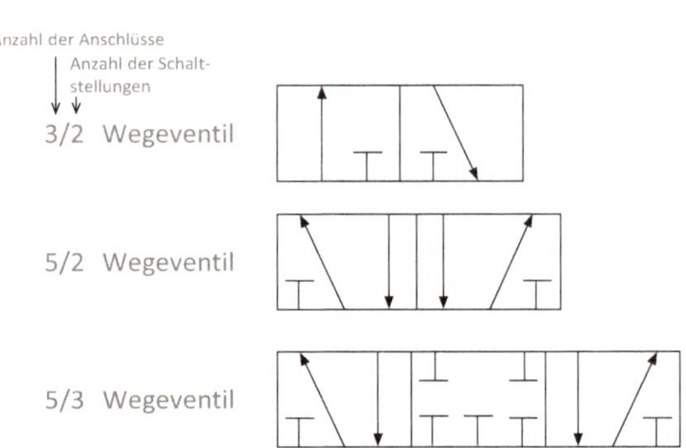

5.5 Industrieroboter

Industrieroboter wurden früher mit dem allgemeinen Begriff Roboter gleichgesetzt. Obwohl sie auch heute noch den überwiegenden Anteil der installierten Geräte ausmachen, prägen autonome Roboter, wie Rasenmähroboter oder Serviceroboter neue Anwendungsfelder mit großem Potenzial.

Ein Industrieroboter besteht aus einem Roboterarm (Manipulator). Dieser entspricht meist einem menschlichen Arm von der Schulter bis zum Handgelenk. Am Ende des Arms, also am Handgelenk befindet sich ein Flansch für das Werkzeug bzw. den Greifer (Effektor). Der Roboter verfügt meist über eine eigene Steuerung, die mit der SPS der Maschine kommuniziert. Manche Steuerungen bringen auch selbst SPS-Funktionalitäten mit und könnten somit theoretisch die gesamte Steuerungsaufgabe übernehmen.

Der Markt bietet verschiedene Bauformen für die Manipulatoren an. Vom klassischen 6-Achs-Knickarm-Manipulator über den 4-Achs-Scara-Arm bis hin zum Hexapod. Die Bauformen unterscheiden sich in der Form des Arbeitsraums, der maximal zulässigen Last und der Positioniergeschwindigkeit.

Typische Lasten reichen von wenigen 100 g bis hin zu 200 kg. Bei der Auswahl ist zu beachten, dass der Greifer als Zubehörteil ebenfalls Teil der Last ist.

Industrieroboter im praktischen Einsatz führen meist ein zyklisches Programm aus, das aus mehreren aufeinanderfolgenden Positioniervorgängen sowie Kommandos zum Öffnen oder Schließen des Greifers besteht.

Die Positionen sind in der Steuerung abgelegt und werden vom Programm über Variablen angesprochen. Der konkrete Wert dieser Variablen wird üblicherweise bei der Inbetriebnahme geteacht, indem der Arm durch ein Handbediengerät interaktiv in die entsprechende Position gebracht und diese dann in der entsprechenden Variable gespeichert wird. Praktisch alle Steuerungen erlauben auch Positionsangaben relativ zu geteachten Postionen wie „10 cm oberhalb Greifposition".

Für die Positionierung kann der Programmierer vorgeben, ob diese entlang einer Geraden zwischen der aktuellen Position und dem Zielpunkt erfolgen soll (lineare Bewegung). Ist dies nicht erforderlich, kann die Steuerung eine beliebige, für den Manipulator eventuell einfachere Linie im Raum wählen (Punkt zu Punkt Bewegung). Manche Steuerungen erlauben zusätzlich auch Bewegungen entlang einer Kreisbahn.

Ein einfaches Programm zum Greifen eines Gegenstandes könnte damit in etwa so aussehen:

```
MOVE Greifpunkt + 10 cm drueber // Punkt zu Punkt Bewegung
     ueber den Greifpunkt
MOVES Greifpunkt              // Lineare Bewegung zum Greifpunkt
BREAK                  // Warten bis Bewegung beendet
CLOSE                  // Greifer schliessen
```

```
MOVES Greifpunkt + 5 cm drueber        // Lineare Bewegung zum
     Abheben des Teils vom Greifpunkt
MOVE naechstePosition                  // Punkt zu Punkt Bewegung zum
     naechsten Punkt
```

Die Herausforderung bei der Integration eines Industrieroboters mit der restlichen Automatisierungslösung liegt in der Synchronisation des Roboterprogramms mit dem restlichen Ablauf. Ein Beispiel: In Zeile 4 des Listings wird der Greifer geschlossen. Der Roboter hält also ab diesem Zeitpunkt das Teil fest. Bevor nun die Bewegung in Zeile 5 starten darf muss die Maschine das Teil „loslassen", also beispielsweise eine Klemmung öffnen. Dazu muss das Roboterprogramm einen Impuls an die Maschine senden und erst nach entsprechender Rückmeldung in Zeile 5 weitermachen.

5.6 SCADA-Systeme/Benutzeroberflächen

Die in Absch. 4.1 dargestellte Funktionalität bindet den Bediener eng in den Betrieb der Anlage ein. An sich könnte das über eine Handvoll Meldeleuchten, Taster und Wahlschalter erfolgen, aber moderne Anlagen nutzen dafür wie in Abb. 4.9 angedeutet meist einen Bildschirm, auf dem sie unterschiedliche Dialoge anzeigen. Im einfachen Fall werden diese Bildschirmmasken in einem propriertären Werkzeug des Bildschirmanbieters entworfen.

Anspruchsvollere Systeme verwenden ein SCADA-System. SCADA steht dabei für Supervisory Control and Data Acquisition. Derartige Syteme können sowohl die einfache Darstellung der Bedienoberfläche einzelner Maschinen oder Anlagenteile übernehmen als auch die Daten mehrerer Maschinen oder Anlagenteile in übersichtlichen Masken aggregieren und somit die Verantwortlichen bei der Optimierung der Abläufe unterstützen oder Daten für Planung, Qualitätssicherung und Dokumentation sammeln.

SCADA-Systeme basieren meist auf einer Datenbank, die einzelne Datenpunkte beinhaltet. Ein Datenpunkt entspricht einer Variablen auf einer der angeschlossenen SPS, also einem Ein- oder Ausgangswert oder einem Merker oder einem Zeitwert. Dieser Wert wird entweder gelesen, um die SPS zu überwachen oder geschrieben, um den Prozess zu beeinflussen, z. B: durch das Setzen eines Sollwertes. Die Datenbank speichert die Datenpunkte meist als eine Kombination von Werten und Zeitstempel. Eine zeitliche Serie von Datenpunkten ermöglicht historische Auswertungen.

Aus Sicht der SPS ist für die Interaktion mit dem SCADA-System eigentlich nichts weiter zu tun, da die Treiber des SCADA-Systems die Variablen des SPS-Programms lesen und schreiben. In der Praxis werden aber dennoch meist spezielle Variablen für den Austausch mit dem SCADA-System definiert, in die das SPS-Programm zyklisch Werte kopiert bzw. deren Werte es zyklisch in die internen Variablen übernimmt.

A.1 Lösungen zu Kap. 1

1.1

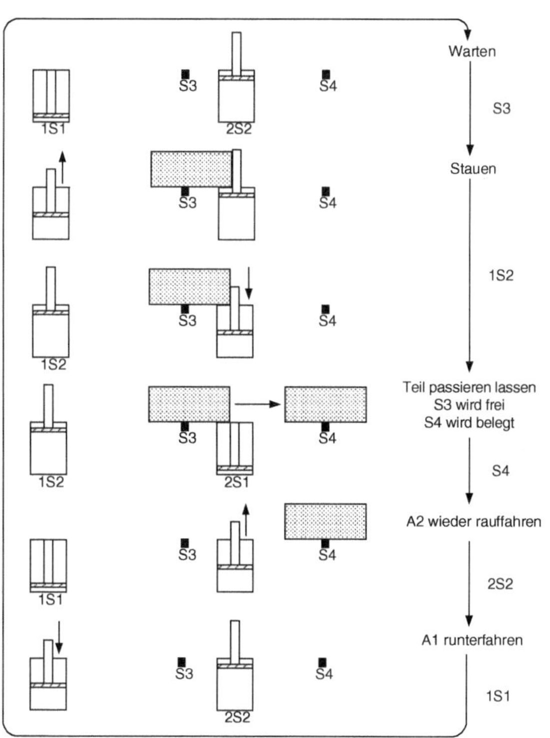

© Springer Fachmedien Wiesbaden GmbH, ein Teil von Springer Nature 2019
V. Plenk, *Grundlagen der Automatisierungstechnik kompakt*,
https://doi.org/10.1007/978-3-658-24469-9

1.2

0
1
2
3
4
5
6=0
Z1
1
0
1S1
S3
1S2
Z2
1
0
2S2
S4

1.3

Warten
A1 = 0
A2 = 1
0S1 = 1
Stauen
A1 = 1
A2 = 1
1S2 = 1
Teil passieren lassen
A1 = 1
A2 = 0
0S2 = 1
A2 rauf
A1 = 1
A2 = 1
2S2 = 1
A1 runter
A1 = 0
A2 = 1
1S1 = 1

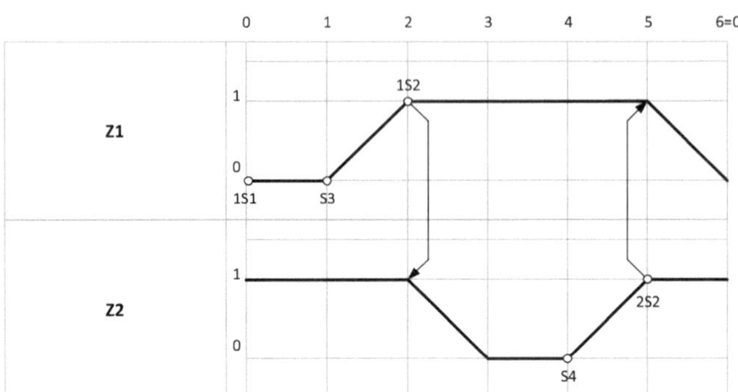

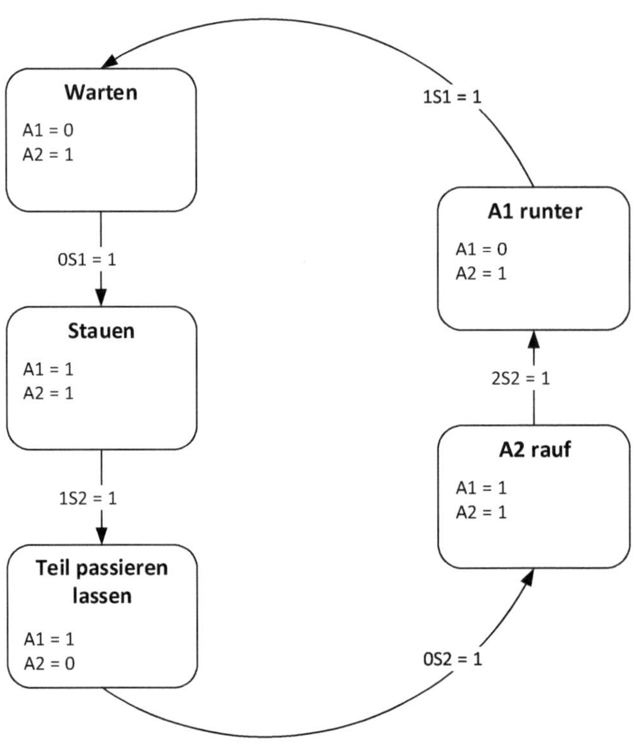

A.2   Lösungen zu Kap. 2

2.1

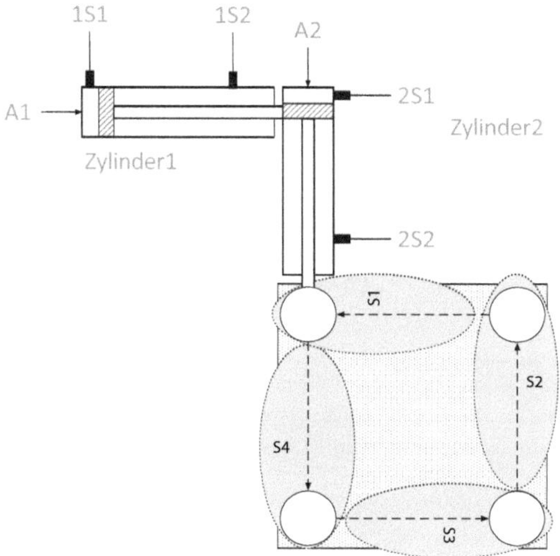

2.2
Programm in AWL

```
0001  // Schrittkette
0002  // Schritt 4
0003         A      " Schritt-S1 "
0004         A      " 1S1-A1 hinten "
0005         S      " Schritt-S4 "
0006         O      " Schritt-S3 "
0007         O      " Einschalten "
0008         R      " Schritt-S4 "
0009  // Schritt 3
0010         A      " Schritt-S4 "
0011         A      " 2S2-A2 vorne "
0012         S      " Schritt-S3 "
0013         O      " Schritt-S2 "
0014         O      " Einschalten "
0015         R      " Schritt-S3 "
0016  // Schritt 2
0017         A      " Schritt-S3 "
0018         A      " 1S2-A1 vorne "
0019         S      " Schritt-S2 "
0020         O      " Schritt-S1 "
0021         O      " Einschalten "
0022         R      " Schritt-S2 "
0023  // Schritt 1
0024         A      " Schritt-S2 "
0025         A      " 2S1-A2 hinten "
0026         O      " Einschalten "
0027         S      " Schritt-S1 "
0028         A      " Schritt-S4 "
0029         R      " Schritt-S1 "
0030
```

```
0031  // Ausgangszuweisungen
0032  // Zylinder A1
0033        O      " Schritt-S2 "
0034        O      " Schritt-S3 "
0035        =      " Zylinder-A1 "
0036  // Zylinder A2
0037        O      " Schritt-S3 "
0038        O      " Schritt-S4 "
0039        =      " Zylinder-A2 "
```

Programm in FUP

Netzwerk 1: Schritt 4 (Zylinder A1 = 0, Zylinder A2 = 1)

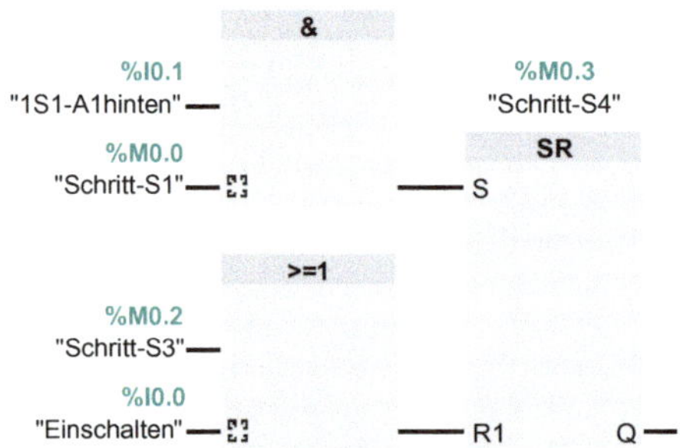

Netzwerk 2: Schritt 3 (Zylinder A1 = 1, Zylinder A2= 1)

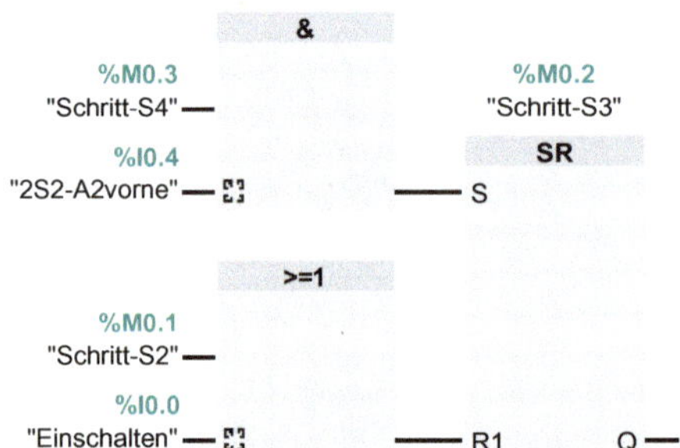

Netzwerk 3: Schritt 2 (Zylinder A1 = 1, Zylinder A2 = 0)

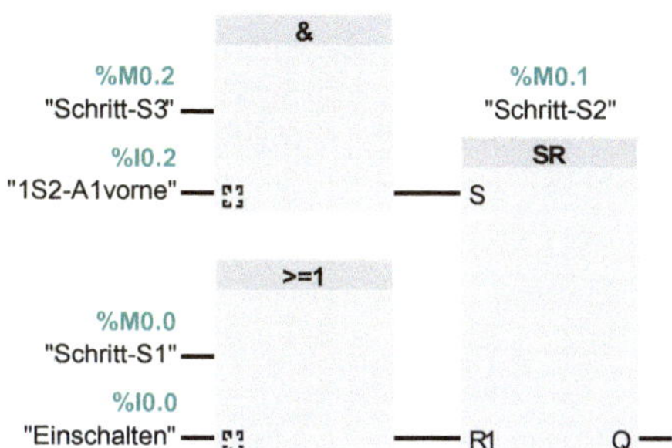

Netzwerk 4: Schritt 1 (Zylinder A1 = 0, Zylinder A2 = 0)

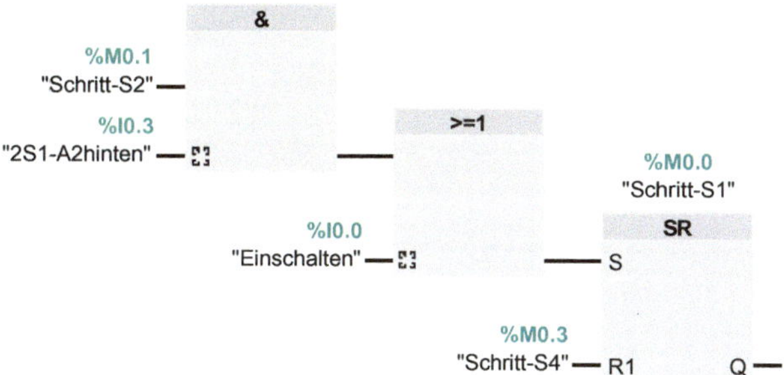

Netzwerk 5: Ausgangszuweisung Zylinder A1

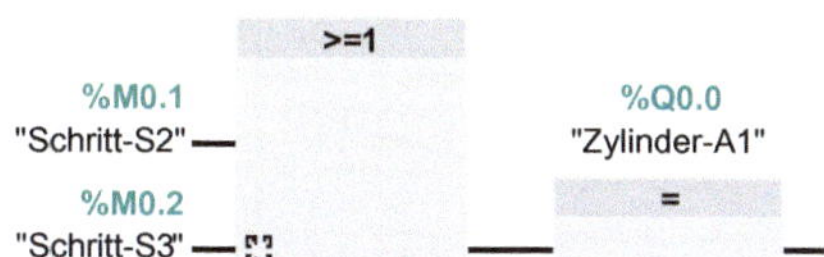

Netzwerk 6: Ausgangszuweisung Zylinder A2

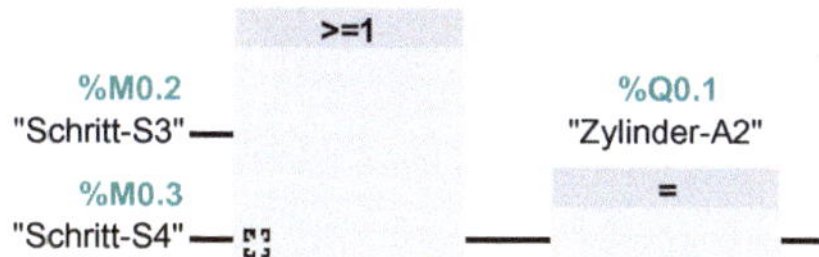

2.3

Schritt	S	R
Schritt1	$\overline{S1}$*2S1*1S2*Schritt4	Schritt2
Schritt2	2S1*S1*1S1	Schritt3
Schritt3	2S1*1S2*Schritt2	Schritt4
Schritt4	2S2*1S2*Schritt3	Schritt1

2.4

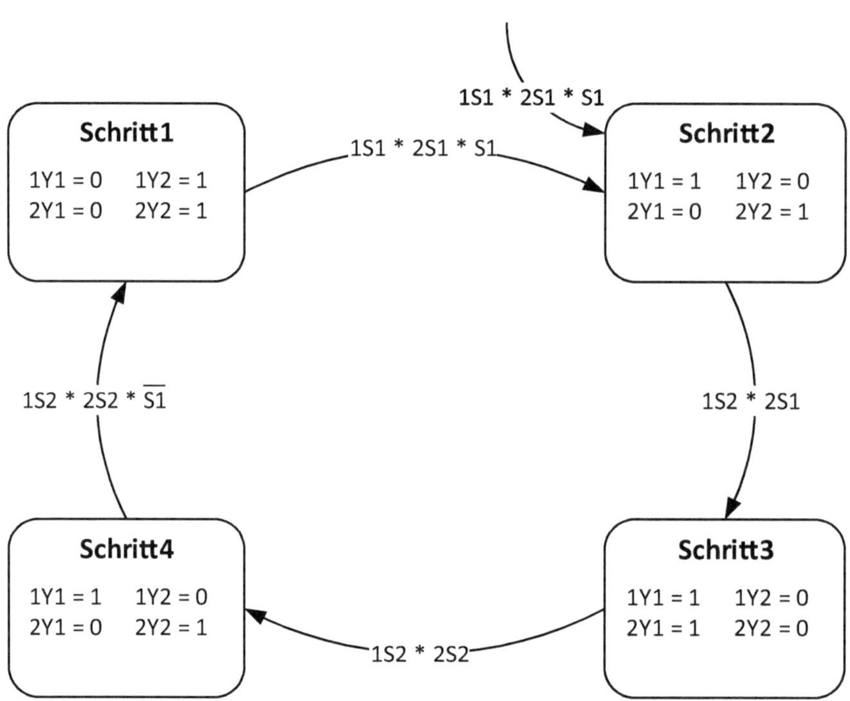

A.3   Lösungen zu Kap. 3

3.1

Gesucht ist ein Zusammenhang zwischen der Raumtemperatur T_R, der Vorlauftemperatur T_V und der zeit t, also ein Ausdruck

$$T_R(t) = F(T_V, t) \tag{A.1}$$

Also suchen wir in unseren Physikformelsammlungen. Für den Energieinhalt des Raums ergibt sich

$$Q = c \cdot m \cdot T_R \tag{A.2}$$

wobei m die Masse der Luft im Raum, c die Wärmekapazität der Luft und T_R die Raumtemperatur.

Für den Wärmeübergang vom Heizkörper in den Raum ergibt sich

$$\dot{Q} = w \cdot (T_V - T_R) \tag{A.3}$$

wobei w der Wärmewiderstand zwischen Heizkörper und Raum ist.

Wenn wir nun Gleichung A.2 ableiten und dabei annehmen, dass m und c konstant sind, ergibt sich

$$\dot{Q} = c \cdot m \cdot \dot{T}_R \tag{A.4}$$

Durch Einsetzen in Gleichung A.3 kommen wir auf

$$c \cdot m \cdot \dot{T}_R = w \cdot (T_V - T_R) \tag{A.5}$$

Mit geschicktem Umformen ergibt sich

$$\dot{T}_R = \frac{w}{c \cdot m} \cdot (T_V - T_R) \tag{A.6}$$

und damit eine Differentialgleichung erster Ordnung für T_R.

3.2 Der Scilab-Code im folgenden Listing liefert den Plot:

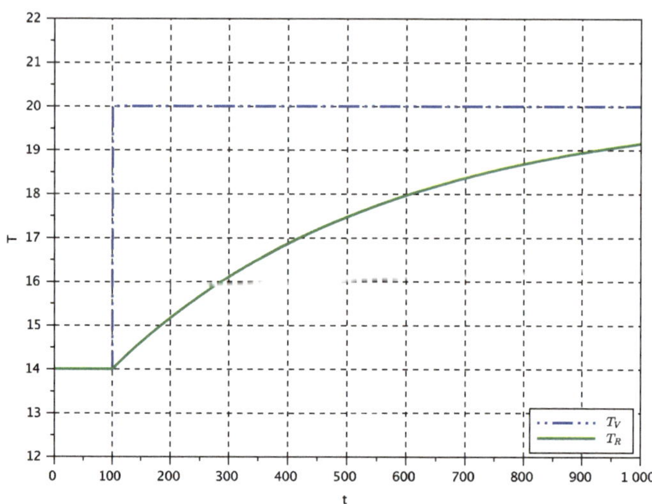

Listing A.1 Scilab Code für die Simulation

```
// Differentialgleichung der Temperaturstrecke
deff("[TRdot]=Raum(t,TR)","TRdot=w/(c*m)*(TV0-TR)");
// Parameter
w=0.14; c = 1.0; m = 64.6;

// Zeitskala der Simulation
t=0:2000;

// Initialisieren des Simulationsergebnisses
TR=t-t;
TV=t-t;

// Schrittweise Simulation
N=size(t); N=N(2);

//Startwerte fuer t und h festlegen
t0 = 0;
TR0 = 14;
TV0 = 14;

// Schleife fuer Simulation
for i=1:N

    // Eingang TV festlegen: bei t > 100 Heizung
        aufdrehen auf 20
```

```
26    if(t(i) > 100)
          TV0 = 20;
28    else
          TV0 = 14;
30    end;

32     TV(i) = TV0;

34     // Simulation fuer einen Zeitschritt
       TR(i)=ode(TR0,t0,t(i),Raum);
36
       TR0 = TR(i);
38     t0 = t(i);
    end
40
    // Grafikausgabe
42  plot(t,TV,':',t,TR);
    // Grafikparameter
44  a=get("current_axes");
    a.data_bounds=[0,12;1000,22];
46  xtitle("","t","T");
    xgrid();
48  f=get("current_figure");
    f.children(1).children.children.thickness=2;
50  legend('$T_V$','$T_R$',4);
```

3.3

Zu a/b: Der Unterschied zwischen erster und höherer Ordnung zeigt sich in der Ableitung
zum Zeitpunkt des Sprungs in der Anregung (hier bei $t = 0$): für ein System erster
Ordnung ist die Ableitung $\neq 0$.

Zu d: Ein System ohne Ausgleich zeigt bei konstanter Anregung einen ständig wachsen-
den Ausgang.

Zu e: Ein System ohne Ausgleich kann bei einer Anregung mit 0 einen Ausgang $\neq 0$
zeigen (hier bei $t > 2$).

	Ausgleich	Erste Ordnung	Schwingend
a)	ja	ja	nein
b)	ja	nein	nein
c)	ja	nein	ja
d)	nein	ja	nein
e)	nein	ja	nein

3.4

a) PT_1 mit $K = 5{,}5$, $T_1 = 1{,}5$ (aus der Grafik abgelesen)

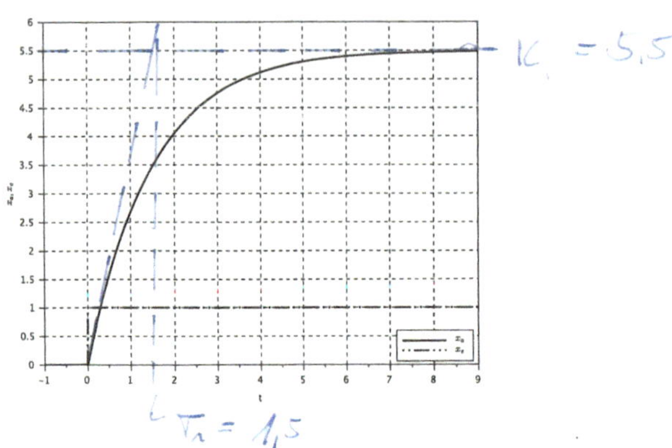

b) $\mathrm{PT}_1\mathrm{T}_t$ mit $K = 4$, $T_1 = 1{,}4$, $T_t = 0{,}6$ (aus Grafik abgelesen und in Formeln 3.19 und 3.20 eingesetzt)

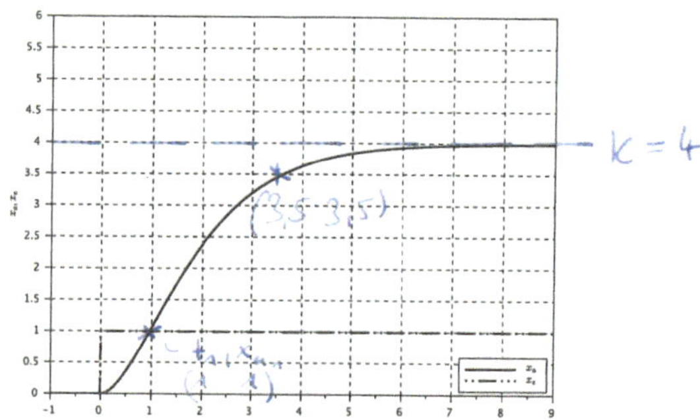

c) PT_2 mit $K = 4$, $T = 0{,}54$, $d = 0{,}27$ (aus Grafik abgelesen und in Formeln 3.25 und 3.26 eingesetzt)

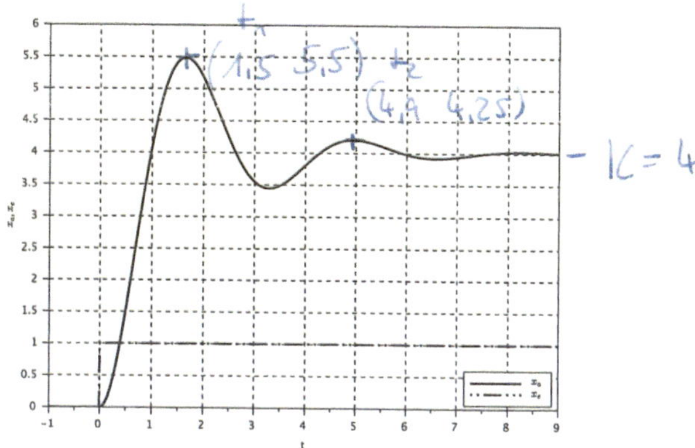

3.5 Es handelt sich um die *Impulsantwort*. Das System wurde also nicht mit einem Sprung angeregt, sondern mit einem Impuls, also der Ableitung des Sprungs.

Ein (geschickter) Blick auf die Übertragungsfunktion zeigt, dass sie aus zwei Teilen besteht

$$F_S = \underbrace{\frac{1}{s}}_{\text{I-Glied}} \cdot \underbrace{\frac{K_S}{1 + T_S \cdot s}}_{PT_1\text{-Glied}} \tag{A.7}$$

Das I-Glied integriert den Impuls zum Sprung und hat (zum Glück keine zu identifizierenden Parameter). Damit können wir die Parameter des PT_1-Glieds aus der Grafik ablesen, als ob es mit einem Sprung angeregt worden wäre:

$$K_S = 5 \tag{A.8}$$

$$T_1 = 31 \tag{A.9}$$

3.6

1. x_a ist begrenzt. Damit ergeben sich die Grenzen für x_e entsprechend der stationären Verstärkung $K = 5{,}5$ des Systems zu

$$x_{e_{min}} = \frac{x_{a_{min}}}{K} \approx -3{,}63 \leq x_e \leq x_{e_{max}} = \frac{x_{a_{max}}}{K} \approx 3{,}63 \tag{A.10}$$

2. Ziel der Regelung ist es, dass die Regelgröße, hier x_a identisch zur Führungsgröße w wird. Mit den hier geltenden Begrenzungen für x_a muss also gelten

$$x_{a_{min}} \leq w_{min} \leq w \leq w_{max} \leq x_{a_{max}} \tag{A.11}$$

Wenn man komplett an die Grenzen geht, also $w_{min} = x_{a_{min}}$ und $w_{max} = x_{a_{max}}$ wählt, hat der Regler am Rand des Regelbereichs keinerlei Reserven mehr. Es empfiehlt sich deswegen, den Bereich etwas kleiner zu wählen

$$w_{min} = 0{,}9 \cdot x_{a_{min}} \tag{A.12}$$

$$w_{max} = 0{,}9 \cdot x_{a_{max}} \tag{A.13}$$

3. Die minimale Anregelzeit ergibt sich, wenn der Regler die Strecke mit der maximal möglichen Stellgröße, hier also $x_{e_{max}}$ beaufschlagt. Um nun die Anregelzeit $t_{5\%,an}$ abzuschätzen lesen wir aus der Sprungantwort ab, dass der gewünschten Wert

$$x_a = \frac{100\,\% - 5\,\%}{100\,\%} \cdot w = 0{,}95 \tag{A.14}$$

bei $\approx 0{,}25$ sec erreicht wird.

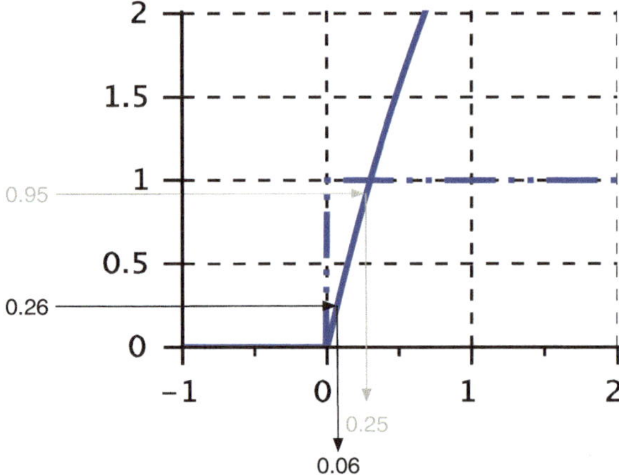

Das entspricht aber nicht der gesuchten Anregelzeit, weil bei dieser Sprungantwort mit $x_e = 1$ angeregt wurde. Wir können aber mit $x_{e_{max}} = 3{,}63$ anregen und somit den gewünschten Wert schneller erreichen. Dafür haben wir aber keine Grafik. Wir können aber proportional umrechnen: Wenn wir statt mit $x_e = 1$ mit $x_e = 3{,}63$ anregen, wird die y-Achse um den Faktor 3,63 gestreckt. Wir müssen also bei

$$x_a = \frac{\frac{100\,\% - 5\,\%}{100\,\%}}{3{,}63} \approx 0{,}26 \tag{A.15}$$

ablesen und kommen damit auf

$$t_{5\%,an} \approx 0{,}06 \tag{A.16}$$

Beim Ablesen ist darauf zu achten, dass wir nicht „zu weit rechts" ablesen. Der Zeitpunkt, zu dem sich x_a dem Endwert x_{a_∞} auf 5% annähert entspricht nicht der *An*regelzeit, sonder eher der *Aus*regelzeit, die wir aber wegen des Einflusses des Reglers nicht so einfach abschätzen können.

3.7 Zum besseren Verständnis des Charakters einer Skizze wird hier eine Handzeichnung gezeigt. Ein „sauberer" Plot könnte mit einem an Listing 3.2 angelehnten Scilab-Code erzeugt werden. Dafür müssten einige Annahmen über das zeitliche Verhalten der Strecke getroffen werden, das wir in der Skizze durch die gebogenen Linien nur andeuten.

1. Die blaue Linie zeigt, dass die Regelgröße um den Endwert schwanken wird. Die Amplitude der Schwankung entspricht der Hysteresebreite.
2. Die graue Linie zeigt, dass der Anstieg für alle drei Fälle gleich verläuft. Der Regler gibt ja immer die gleiche Stellgröße aus. Bei einer größeren Führungsgröße dauert es also länger bis der Regler in den Bereich der Hysterese kommt und die Schwankung beginnt.
3. Die grüne Linie zeigt das selbe Verhalten wie 1) aber mit einer kleineren Amplitude.

3.8 u ist die Eingangsgröße der Strecke. Die Strecke hat eine Verstärkung von $5 \ldots 10$, also kann x Werte von $\pm(5 \ldots 10) \cdot 10$ erreichen. Damit gilt

$$-100 \le \underbrace{-50 \le x \le 50}_{\text{worst-case}} \le 100 \qquad \text{(A.17)}$$
$$\underbrace{}_{\text{best-case}}$$

3.9

a) Wir wählen den PI-Regler. Mit einem P-Regler wäre Forderung 2 nicht erreichbar. Ein PID-Regler hat mehr Parameter, ist also komplizierter.
b) a. Je höher die Kreisverstärkung, desto eher wird der Kreis instabil, also ist $K = 10$ kritisch.

b. Für die stationäre Genauigkeit sorgt der I-Anteil im Regler. K ist unkritisch.

c. Je höher die Kreisverstärkung, desto eher wird der Kreis schwingen, also ist $K = 10$ kritisch.

Insgesamt ist also $K = 10$ kritisch.

c) Mit den Parametern des Streckenmodells und Tab. 3.4 ergibt sich

$$K_P = 1,4 \tag{A.18}$$

$$K_I = 0,2916667 \tag{A.19}$$

A.4   Lösungen zu Kap. 4

4.1

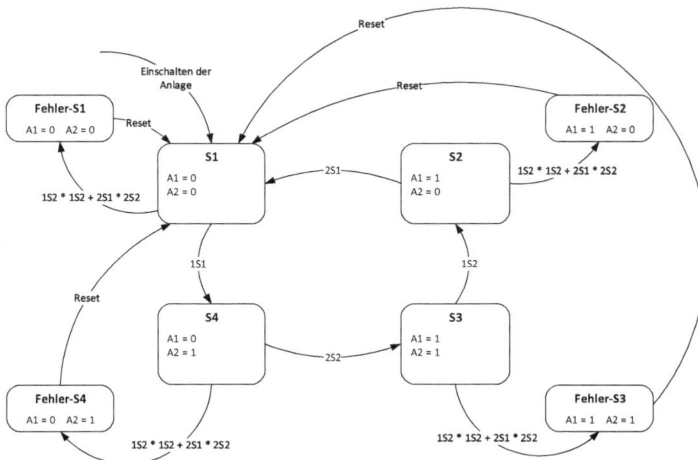

4.2

1. Zylinder A1 ist stecken geblieben, wenn einer der Schritte, bei denen sich der Zylinder bewegt, länger als üblich dauert (Timeout)
2. Zylinder A2 ist stecken geblieben, wenn einer der Schritte, bei denen sich der Zylinder bewegt, länger als üblich dauert (Timeout)
3. Sensor an Zylinder A1 ist defekt, wenn 1S1 und 1S2 gleichzeitig 1 sind
4. Sensor an Zylinder A2 ist defekt, wenn 2S1 und 2S2 gleichzeitig 1 sind

4.3 Hier der FUP-Code für alle Teilaufgaben. Die Codeteile für die einzelnen Teilaufgaben sind farbig hinterlegt:

1. Keine Kennzeichnung
2. Grüner Hintergrund
3. Blauer Hintergrund
   Anmerkung: Der Merker `FirstScan` wird vom Betriebssystem der SPS für die Dauer des ersten Polling-Zyklus gesetzt.
4. Gelber Hintergrund

Netzwerk 1: Schritt 1a

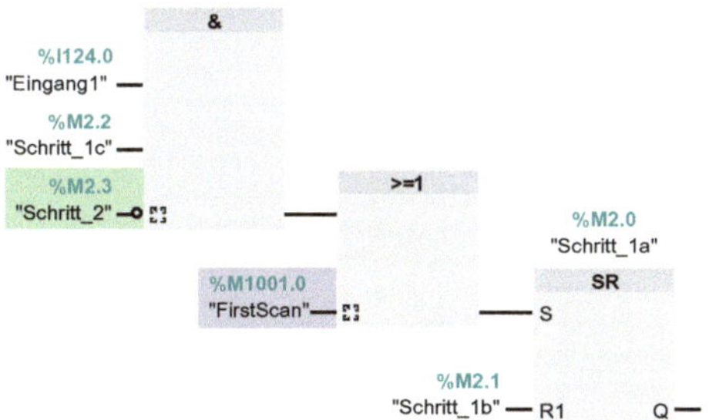

Netzwerk 2: Schritt 1b

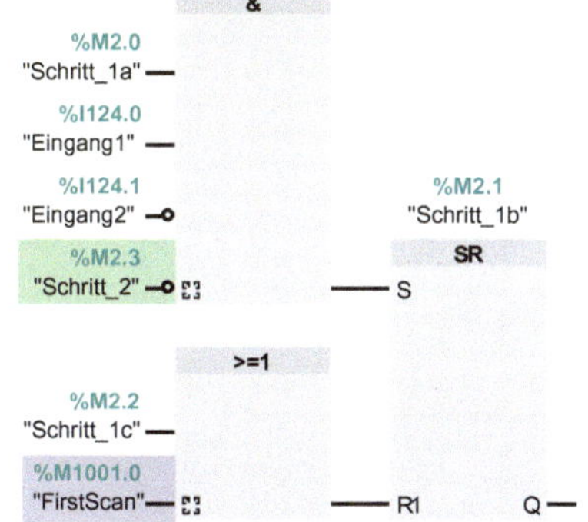

Netzwerk 3: Schritt 1c

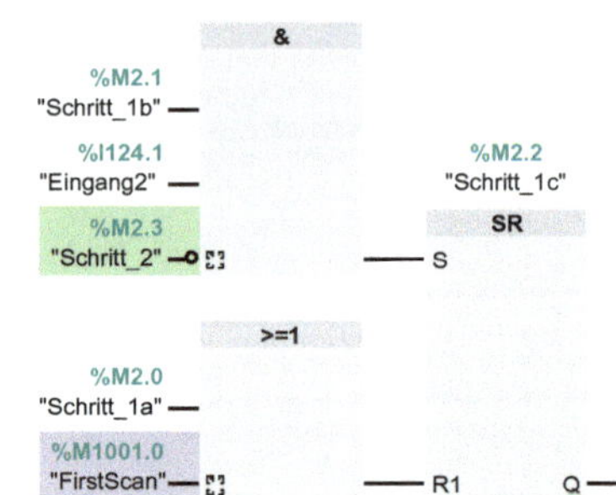

Netzwerk 4: Schritt 2

Netzwerk 5: Zeitüberwachung von Schritt_1a

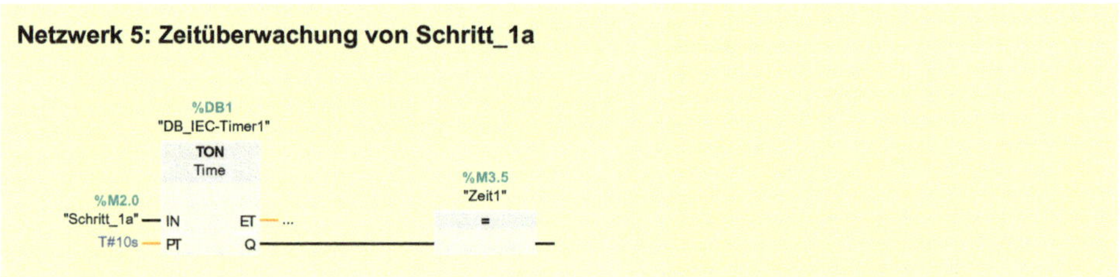

Netzwerk 6: Zeitüberwachung von Schritt_1b

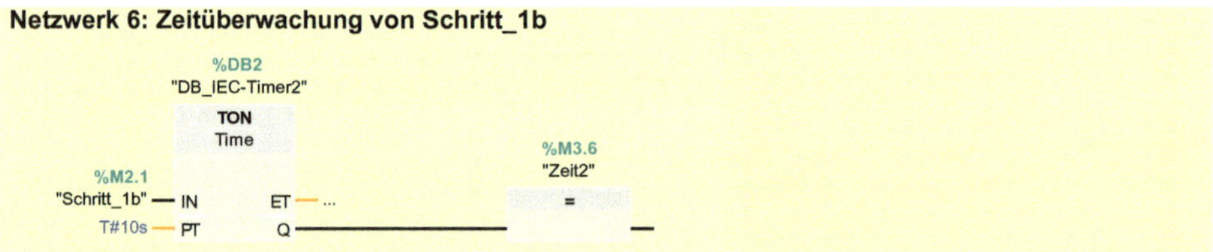

Netzwerk 7: Ansteuern der Variablen "Timeout" zur Einbindung der Zeitüberwachung in das Programm

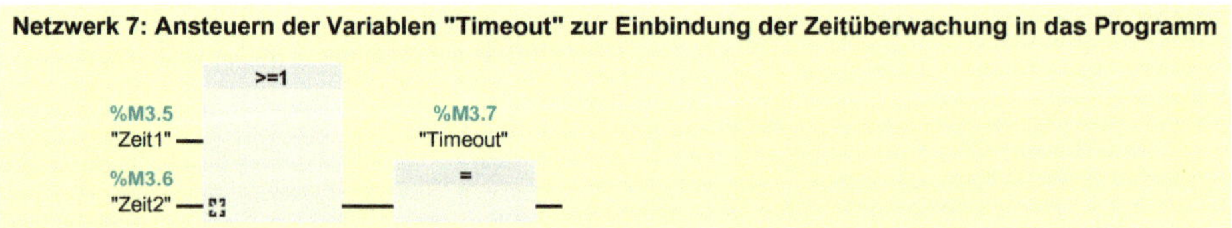

Netzwerk 8: Ansprechen des Ausgangs "Q124.0" (mit Zeitüberwachung)

Netzwerk 9: Ansprechendes Ausgangs "Q124.1" (mit Zeitüberwachung)

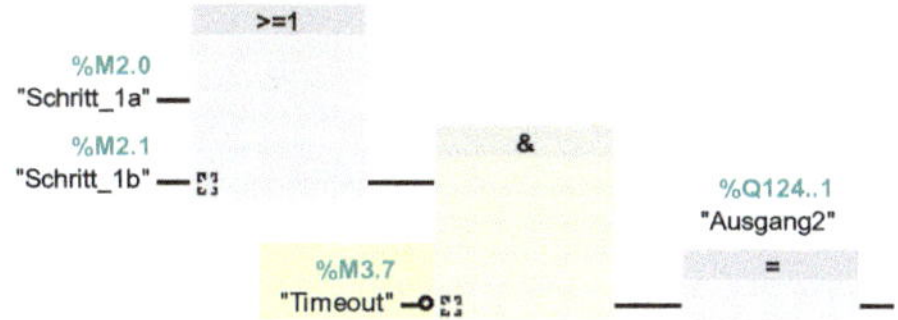

Weiterführende Literatur

1. Bergmann, J.: Automatisierungs- und Prozessleittechnik. Fachbuchverlag, Leipzig (1999)
2. Braun, A.: Grundlagen der Regelungstechnik. Fachbuchverlag, Leipzig (2005)
3. Fischer, U., Heinzler, M., Näher, F., Paetzold, H., Gomeringer, R., Kilgus, R., Oesterle, S., Stephan, A.: Tabellenbuch Metall, 44. Aufl. Europa Lehrmittel, Düsselberger Straße 23; 42781 Haan-Gruiten (2008)
4. Hesse, S., Malisa, V. (Hrsg.): Taschenbuch Robotik, Montage, Handhabung. Fachbuchverlag, Leipzig (2010)
5. Langmann, R. (Hrsg.): Taschenbuch der Automatisierung. Fachbuchverlag, Leipzig (2004)
6. Lutz, H., Wendt, W.: Taschenbuch der Regelungstechnik, 6. Aufl. Deutsch, Frankfurt a. M (2005)
7. Schmidt, G.: Grundlagen der Regelungstechnik, 2. Aufl. Springer, Heidelberg (1987)
8. Seitz, M.: Speicherprogrammierbare Steuerungen, 2. Aufl. Fachbuchverlag, Leipzig (2008)
9. Tröster, F.: Steuerungs- und Regelungstechnik für Ingenieure. Oldenburg, München (2001)
10. Wellenreuther, G., Zastrow, D.: Automatisieren mit SPS – Übersichten und Übungsaufgaben. Vieweg, Wiesbaden (2003)
11. Wellenreuther, G., Zastrow, D.: Automatisieren mit SPS, 3. Aufl. Vieweg, Wiesbaden (2005)

Stichwortverzeichnis

© Springer Fachmedien Wiesbaden GmbH, ein Teil von Springer Nature 2019   141
V. Plenk, *Grundlagen der Automatisierungstechnik kompakt*,
https://doi.org/10.1007/978-3-658-24469-9